煤矿开采与安全技术研究

秦喜文　封文茂　徐晓亮　主编

图书在版编目（CIP）数据

煤矿开采与安全技术研究 / 秦喜文，封文茂，徐晓亮主编. — 哈尔滨 : 哈尔滨出版社, 2023.1

ISBN 978-7-5484-6784-7

Ⅰ. ①煤… Ⅱ. ①秦… ②封… ③徐… Ⅲ. ①煤矿开采—安全技术 Ⅳ. ①TD7

中国版本图书馆 CIP 数据核字 (2022) 第 182516 号

书　　名：煤矿开采与安全技术研究
MEIKUANG KAICAI YU ANQUAN JISHU YANJIU

作　　者：秦喜文　封文茂　徐晓亮　主编
责任编辑：张艳鑫
封面设计：张　华

出版发行：哈尔滨出版社 (Harbin Publishing House)
社　　址：哈尔滨市香坊区泰山路 82-9 号　邮编：150090
经　　销：全国新华书店
印　　刷：河北创联印刷有限公司
网　　址：www.hrbcbs.com
E - mail：hrbcbs@yeah.net
编辑版权热线：（0451）87900271　87900272

开　　本：787mm×1092mm　1/16　印张：10.5　字数：212 千字
版　　次：2023 年 1 月第 1 版
印　　次：2023 年 1 月第 1 次印刷
书　　号：ISBN 978-7-5484-6784-7
定　　价：68.00 元

凡购本社图书发现印装错误，请与本社印制部联系调换。
服务热线：（0451）87900279

编委会

主　编

秦喜文　中煤西安设计工程有限责任公司

封文茂　山西省吕梁市临县晋煤太钢能源有限责任公司

徐晓亮　山西晋煤集团坪上煤业有限公司

副主编

樊　良　山西华冶勘测工程技术有限公司

侯少晨　永煤集团股份有限公司

李　宁　山西省长治市漳村煤矿

刘晓磊　平顶山天安煤业股份有限公司二矿

马海岗　山东省枣庄市枣矿集团三河口矿业有限责任公司

马志飞　陕西彬长文家坡矿业有限公司

武俊厚　山西华冶勘测工程技术有限公司

王振刚　河南省安阳大众煤业有限责任公司

（以上副主编排序以姓氏首字母为序）

前　言

在我国，煤炭能源作为传统能源，在现代社会经济建设中扮演着十分重要的角色。目前我国电力部门对煤炭质量的要求及标准不断提高，进而相关采矿工作中的安全标准与要求也进一步提高。但煤矿安全事故多发的现实问题仍没有解决。煤矿企业除了要重视技术问题外，必须要重视施工安全管理问题。煤矿企业在追求经济利益的同时，要加强施工安全管理，这样才能实现利益最大化。本书将探讨煤矿工程采矿技术与施工安全管理。

随着我国科技日新月异的发展，我国煤矿工程采矿技术也取得了卓有成效的发展和进步，煤炭是我国的一种能源资源，为社会主义现代化的建设起到了非常重要的作用。然而，随着科技的发展，新的煤矿工程采矿技术与当前的煤矿施工安全管理相适应，新的煤矿工程采矿技术没有有效降低煤矿生产的安全。对于煤矿企业管理者来说，人命关天，施工安全对企业的生存与发展至关重要。

煤矿采矿技术和安全技术是两个最主要的问题。安全生产是煤矿开采工程发展的基础，采矿技术的不断创新是煤矿开采工程的必然结果。在现代化的煤矿管理过程中加强对技术分析是一个相当关键的环节，同时还应当加强对安全管理政策的综合性研究，从而促进开采工作的不断完善。旨在以此为基础不断地完善施工政策和施工安全，为实现煤矿安全生产奠定基础。

目录

第一章　采煤工作面矿山压力的基本规律

在开采煤炭过程中，由于采掘活动改变了原岩应力状态，引起周围岩体变形、弯曲、离层、移动、破坏垮塌等。据统计，我国煤矿顶板事故在整个煤矿安全事故中所占比例超过 40%，每年顶板事故影响的产量约占总产量的 5%。随着采矿工业和其他科学技术的不断发展，人们越来越认识到矿山压力具有一定的规律性，只要认真开展矿山压力研究，掌握矿山压力显现规律，就能有效控制和利用矿山压力。从事采矿工程的工程技术人员只有遵循矿压规律，才能做出安全可靠、技术可行、经济合理的矿井开拓、巷道布置、井巷支护和顶板控制的方案和设计，从而提高煤炭资源的回收率，并使煤炭安全生产取得更好的效益。

矿山压力分布规律的基本知识，是井下巷道位置的合理选择、支架结构的设计、煤柱尺寸的确定、采煤工作面参数的选择等的理论依据。本章主要叙述矿山压力的基本概念，采煤工作面围岩移动特征，采煤工作面矿山压力分布规律和采煤工作面顶板分类等内容。

第一节　矿山压力的基本概念

1. 矿山压力的概念

矿山压力就是由于井下采掘工作，破坏了岩体中原岩应力平衡状态，引起应力重新分布，把存在于采掘空间周围岩体内和作用在支护物上的力称为矿山压力，简称“矿压”或“地压”。因此，矿山压力是井下采掘工程引起的伴生物，如果没有巷道开掘和回采工作，就可以认为不存在矿山压力，但岩体中仍存在着原岩应力。这就是矿山压力与原岩应力的根本不同之处。

2. 矿山压力的来源

采动前，原始岩体中已经存在的应力是矿山压力产生的根源。井下深部原岩处于复杂的受力状态，其承受着上覆岩层重量引起的自重应力、地质构造引起的构造应力、遇水膨胀和温度变化引起的应力等。

3. 矿山压力显现

在矿山压力作用下，围岩和支架所表现出来的力学宏观现象，如围岩变形、离层、破坏和冒落，支架受力变化和折损，煤（岩）突出，充填物产生压缩和地面塌陷等，称为矿山压力显现，简称矿压显现。采煤工作面矿压显现的形式主要有：工作面顶板下沉、支架变形与折损、顶板破碎或大面积冒落、煤壁片帮、支柱插入底板、底板膨胀鼓起等。研究与实践充分证明，矿山压力的存在是客观的、绝对的，它存在于采掘工程的周围岩体中。但矿山压力显现是相对的、有条件的，它是矿山压力作用的结果。围岩中存在矿山压力却不一定有明显的显现，因为围岩的明显运动本身就是有条件的，只有当应力达到其强度后才会发生。支架受力不仅取决于围岩的明显运动，还取决于支架对围岩运动的抵抗程度。

矿山压力的显现会给井下采掘工作造成不同程度的危害。为了维护采掘空间，就必须采取各种技术和措施对矿山压力的显现加以控制。这些技术和措施包括对采掘空间的支护、对软弱岩体的加固、强制放顶等，也包括合理地利用矿山压力为采煤工作服务，如无煤柱开采、全部垮落法管理顶板、放顶煤技术的应用和再生顶板的形成等。把所有人为的调节、改变和利用矿山压力的各种技术和措施，叫作矿山压力控制，简称矿压控制。

土压力是基坑支护结构周围的土体传递给挡土构筑物的压力。在基坑开挖之前，挡土构筑物两侧土体处于静止平衡状态。在基坑开挖过程中，由于基坑内一侧的土体被移除，挡土构筑物两侧土体原始的应力平衡和稳定状态发生变化，在挡土构筑物周围一定范围内产生应力重分布。在被支护土体一侧，由于挡土构筑物的移动引起土体的松动而使土压力降低，而在基坑一侧的土体由于受挡土结构的挤压而使土压力升高。当变形或应力超过了一定数值时，土体就会发生破坏致使挡土结构坍塌。因此土压力的大小直接决定着挡土构筑物的稳定和安全。

影响土压力的因素很多，如土体的物理力学性质、超载大小、地下水位变化、挡土构筑物的类型、施工工艺和支护形式、挡土构筑物的刚度及位移、基坑挖土顺序及工艺等等。这些影响因素给理论计算带来了一定的困难，因此，仅用理论分析土压力大小及沿深度分布规律是无法准确地表达土压力的实际情况的，而且土压力的分布在基坑开挖过程中动态变化，从挡土构筑物的安全、地基稳定性及经济合理性考虑，对于重要的基坑支护结构，有必要进行土压力现场原型观测。

基坑开挖工程经常在地下水位以下土体中进行，地基土是多相介质的混合体，土体中的应力状态与地基土中的孔隙水压力和排水条件密切相关。虽然静水压力不会使土体产生变形，但当地下水渗流时，在流动方向上产生渗透力。当渗透力达到某一临界值时，土颗粒就处于失重状态，出现所谓的“流土”现象。在基坑内采用不恰当的排水方法，会造成灾难性的事故。另外，当饱和黏土被压缩时，由于黏性土的渗透性很小，孔隙水不能及时排出，产生超静孔隙水压力。超静孔隙水压力的存在，降低了土体颗粒之间的有效压力。当超静孔隙水压力达到某一临界值时，同样会使土体失稳破坏。因此监测土体中孔隙水压力在施工过程中的变化，可以直观、快速地得到土体中孔隙水压力的状态和消散规律，也是基坑支护结构稳定性控制的依据。

通过现场土压力和孔隙水压力的监测可达到以下主要目的：验证挡土构筑物各特征部位的土压力理论分析值及沿深度的分布规律；监测土压力在基坑开挖过程中的变化规律，

由观测到的土压力急剧变化，及时发现影响基坑稳定的因素，以采取相应的应急措施；积累各种条件下的土压力分布规律，为提高理论分析水平积累资料；土压力和孔隙水压力现场监测设计原则，应符合土与挡土构筑物的相互作用关系和沿深度变化的规律。

4. 土压力监测

土体中出现的应力可以分为由土体自重及基坑开挖后土体中应力重分布引起的土中应力和基坑支护结构周围的土体传递给挡土构筑物的接触应力。土压力监测就是测定作用在挡土结构上的土压力的大小及其变化速率，以便判定土体的稳定性，控制施工速度。

（1）监测设备

土压力监测通常采用在量测位置上埋设压力传感器来进行。土压力传感器工程上称为土压力盒，常用的土压力盒有钢弦式和电阻式。在现场监测中，为了保证量测的稳定可靠，多采用钢弦式，这里主要介绍钢弦式土压力盒。

目前采用的钢弦式土压力计，可分为竖式和卧式两种。

（2）土压力盒工作的原理

土压力盒埋设好后，根据施工进度，采用频率仪测得土压力计的频率，从而换算出土压力盒所受的总压力，其计算公式如下：

$$p = k\left(f_0^2 - f^2\right)$$

式中 p——作用在土压力计上的总压力（kPa）；

K——压力计率定常数（kPa/Hz）；

f_0——压力计零压时的频率（Hz）；

f——压力计受压后的频率（Hz）。

土压力盒实测的压力为土压力和孔隙水压力的总和，应当扣除孔隙水压力计实测的压力值，这才是实际的土压力值。

标定应该在与其使用条件相似的状态下进行。标定可分为静态标定和动态标定，两者又可分为气压、液压和土介质中等标定方法。

（3）土压力盒选用

土压力测量前，应选择合适的土压力盒，长期量测静态土压力时，一般都采用钢弦式土压力盒，土压力盒的量程一般应比预计压力大 2~4 倍，应避免超量程使用。土压力盒应具有较好的密封防水性能，导线采用双芯带屏蔽的橡胶电缆，导线长度可根据实际长度确定（适当保留富余长度），且中间不允许有接头。

（4）土压力盒布置

土压力盒的布置原则以测定有代表性位置处的土反力分布规律为目标，在反力变化较大的区域布置得较密，反力变化不大的区域布置得较稀疏，用有限的压力盒测到尽量多的有用数据，通常将测点布设在有代表性的结构断面上和土层中。如布置在希望能解释特定现象的位置、理论计算不能得到足够准确解答的位置、土压力变化较大的位置。

（5）土压力盒埋设方法

1）土中土压力盒埋设通常采用钻孔法。先在预定埋设位置采用钻机钻孔，孔径大于压力盒直径，孔深比土压力盒埋设深度浅 50cm，把钢弦式土压力盒装入特制的铲子内，然后用钻杆把装有土压力盒的铲子徐徐放至孔底，并将铲子压至所需标高。

钻孔法也可在一孔内埋设多个土压力盒，此时钻孔深度应略大于最深的土压力盒埋设的位置，将土压力盒固定在定制的薄型槽钢或钢筋架上，一起放入钻孔中，就位后回填细砂。根据薄型槽钢或钢筋架的沉放深度和土压力盒的相对位置，可以确定土压力盒所处的测点标高。该埋设方法由于钻孔回填砂石的密实度难以控制，测得的土压力与土中实际的土压力存在一定的差异，通常实测数据偏小。

钻孔法埋设土压力盒的工程适应性强。但钻孔位置与桩墙之间不可能直接密贴，需要保持一段距离，因而测得的数据与实际作用在桩墙上的土压力相比具有一定近似性。

2）地下连续墙侧土压力盒埋设通常用挂布法。取 1/3~1/2 的槽段宽度的布帘，在预定土压力盒的布置位置缝制放置土压力盒的口袋，将土压力盒放入口袋后封口固定。然后将布帘铺设在地下连续墙钢筋笼迎土面一侧，并通过纵横分布的绳索将布帘固定于钢筋笼上。布帘及土压力盒随同钢筋笼一起吊入槽孔内。浇筑混凝土时，借助流态混凝土的侧向挤压力将布帘推向土壁，使土压力盒与土壁密贴。除挂布法外，也可采用活塞压入法、弹入法等方法埋设土压力盒。

（6）监测及资料整理

土压力盒埋设好后，根据施工进度，采用频率仪测得埋设土压力盒的频率数值，从而换算出土压力盒所受的压力，扣除孔隙水压力后得实际的土压力值，并绘制土压力变化过程图线及随深度的分布曲线。

5. 土中孔隙水压力监测

孔隙水压力计可分为水管式、钢弦式、差动电阻式和电阻应变片式等多种类型，其中钢弦式结构牢固，长期稳定性好，不受埋设深度的影响，施工干扰小，埋设和操作简单。国内外多年使用经验表明，它是一种性能稳定、监测数据可靠、较为理想的孔隙水压力计。这里主要介绍钢弦式孔隙水压力计。

（1）监测设备

钢弦式孔隙水压力计由测头和电缆组成。

1）钢弦式孔隙水压力计测头

钢弦式测头主要由透水石、压力传感器构成。透水石材料一般用氧化硅或不锈金属粉末制成，采用圆锥形透水石以便于钻孔埋设。钢弦式压力传感器由不锈钢承压膜、钢弦、支架、壳体和信号传输电缆构成。其构造是将一根钢弦的一端固定于承压膜中心处，另一端固定于支架上，钢弦中段旁边安装一电磁圈，用以激振和感应频率信号，张拉的钢弦在一定的应力条件下，其自振频率会随之发生变化。土孔隙中的有压水通过透水石作用于承压膜上，使其产生挠曲而引起钢弦的应力发生变化，钢弦的自振频率也相应发生变化。由钢弦自振频率的变化，可测得孔隙水压力的变化。

2）电缆

电缆通常采用氯丁橡胶护套或聚氯乙烯护套的二芯屏蔽电缆。电缆要能承受一定的拉力，以免因地基沉降而被拉断，并要能防水绝缘。

（2）钢弦式孔隙水压力计工作的原理

用频率仪测定钢弦的频率大小，孔隙水压力与钢弦频率间有如下关系：

$$u = k\left(f_0^2 - f^2\right)$$

式中 u——孔隙水压力（kPa）；

k——孔隙水压力计率定常数（kPa/Hz），其数值与承压膜和钢弦的尺寸及材料性质有关，由室内标定给出；

f_0——测头零压力（大气压）下的频率（Hz）；

f——测头受压后的频率（Hz）。

（3）孔隙水压力计埋设方法

孔隙水压力计埋设前应首先将透水石放入纯净的清水中煮沸 2 小时，以排除其孔隙内气泡和油污。煮沸后的透水石需浸泡在冷开水中，测头埋设前，应量测孔隙水压力计在大气中测量的初始频率，然后将透水石在水中装在测头上，在埋设时应将测头置于有水的塑料袋中连接于钻杆上，避免与大气接触。

现场埋设方法有钻孔法和压入法。

1）钻孔埋设法。在埋设位置用钻机钻成孔，达到要求深度后，先向孔底填入部分干净砂，将测头放入孔内，再在测头周围填砂，然后用膨胀性黏土将钻孔全部封严即可。原则上一个钻孔只能埋设一个探头，但为了节省钻孔费用，也可在同一钻孔中埋设多个位于不同标高处的孔隙水压力计，在这种情况下，每个孔隙水压力计之间的间距应不小于 1m，并且需要采用干土球或膨胀性黏土将各个探头进行严格相互隔离，否则达不到测定各层土层孔隙水压力变化的目的。钻孔埋设法使得土体中原有孔隙水压力降低为零，同时测头周围填砂，不可能达到原有土的密度，势必影响孔隙水压力的量测精度。

2）压入埋设法。若地基土质较软，可将测头缓缓压入土中的要求深度，或先成孔到预埋深度以上 1.0m 左右，然后将测头向下压入至埋设深度，钻孔用膨胀性黏土密封。采用压入埋设法，土体局部仍有扰动，并引起超孔隙水压力，影响孔隙水压力的测量精度。

6. 地下水位监测

地下水位监测主要用来观测地下水位及其变化。地下水位监测可采用钢尺或钢尺水位计监测，钢尺水位计的工作原理是在已埋设好的水管中放入水位计测头，当测头接触到水位时启动讯响器，此时，读取测量钢尺与管顶的距离，根据管顶高程即可计算地下水位的高程。对于地下水位比较高的水位观测井，也可用干的钢尺直接插入水位观测井，记录湿迹与管顶的距离，根据管顶高程即可计算地下水位的高程，钢尺长度需大于地下水位与孔口的距离。

监测用水位管由PVC工程塑料制成，包括主管和连接管，连接管套于两节主管接头处，起着连接固定的作用。在PVC管上打数排小孔做成花管，开孔直径5mm左右，间距50cm，梅花形布置。花管长度根据测试土层厚度确定，一般花管长度不应小于2m，花管外面包裹无纺土工布，起过滤作用。

水位管埋设方法：用钻机钻孔到要求的深度后，在孔内放入管底加盖的水位管。套管与孔壁间用干净细砂填实，然后用清水冲洗孔底，以防泥浆堵塞测孔，保证水路畅通，测管高出地面约200mm，管顶加盖，不让雨水进入，并做好观测井的保护装置。

第二节　采煤工作面围岩移动特征

在长壁开采和全部垮落法管理顶板的采煤工作面中，采煤工作面自开切眼处推进后，煤层上覆岩层将发生变形移动。根据其与煤层的相对位置关系和移动特点，可将顶板岩层分为伪顶、直接顶和基本顶。

直接顶是位于伪顶或煤层之上，具有一定的稳定性，随移架或回柱放顶后能自行垮落的岩层。基本顶是位于直接顶或煤层之上，厚而坚硬难垮落的岩层，它一般由砂岩、石灰岩及砂砾岩等岩层组成。底板是位于煤层之下的岩层。

一、直接顶的初次垮落

当采煤工作面自开切眼推进一段距离后，直接顶达到一定跨度时，采空区进行初次放顶，使直接顶垮落下来，这一过程称作直接顶的初次垮落。直接顶初次垮落的跨距称为初次垮落距。初次垮落距的大小取决于直接顶岩层的强度、分层厚度和直接顶内节理与裂隙的发育程度等，一般为6~12m。

二、基本顶的初次垮落

1. 基本顶初次垮落前的岩层结构

随着直接顶的初次垮落，采煤工作面的不断推进，由于基本顶岩层比较坚硬，在一定范围内呈现悬露状态，此时可将基本顶视为一边由采煤工作面煤壁支承，另外三边由煤柱支撑的一个“板”的结构。但是由于基本顶在采煤工作面方向上的长度，远大于基本顶沿采煤工作面推进方向垮落时的跨距，因此可将基本顶视为一端由采煤工作面煤壁支承，另一端由煤柱支撑的两端固定的梁的结构。当基本顶上覆岩层的强度低于基本顶的强度时，则上覆岩层的重量将通过基本顶形成的梁传递至采煤工作面煤壁和后方煤柱上。

2. 基本顶的初次垮落与初次来压

随着采煤工作面的继续推进，直接顶不断垮落，基本顶跨度逐渐增大并产生弯曲，当达到极限跨度时，基本顶将出现断裂，进而发生垮落。基本顶在采空区的第一次垮落称为基本顶的初次垮落。基本顶从开始破坏直至垮落常要持续一定时间，甚至有时在基本顶垮落前两三天，就出现顶板断裂的声响等来压预兆。在垮落前 1~2 h，采空区可能会出现轰隆隆巨响。通常煤壁片帮严重，顶板产生裂缝或掉渣，顶板下沉量和下沉速度明显增加，支架载荷迅速增高，这些现象称为基本顶的初次来压。

3. 基本顶初次垮落步距的确定

基本顶初次垮落时，其最大跨度称为基本项初次跨落步距。该值的大小取决于基本项的强度、厚度等因素，可按力学模型解算，也可现场经矿压观测实测。

三、基本顶的周期来压

1. 基本顶周期来压前状态

基本顶初次跨落后，随着采煤工作面的继续推进，工作面上方的基本顶岩层由两端固定梁转变为悬臂梁状态。此时上覆岩层的重量将由基本顶的悬臂直接传递给煤壁，部分上覆岩层及已断的基本顶重量将直接作用在已垮落的矸石上，采煤工作面空间处于基本顶悬臂的保护之下。

2. 基本顶周期来压及矿压显现特征

当采煤工作面继续推进，基本顶悬臂跨度达到极限跨度时，基本顶在其自重及上覆岩层载荷的作用下，将沿采煤工作面煤壁甚至煤壁之内发生折断和垮落。随着采煤工作面的推进，基本顶这种“稳定—失稳—再稳定”现象，将周而复始地出现，使采煤工作面矿山压力周期性明显增大。这种基本顶的周期性折断或垮落前后采煤工作面的矿压显现称为基本顶的周期来压。

基本顶周期来压的主要表现形式为：顶板下沉速度急剧增加，顶板下沉量变大，支柱所受载荷普遍增加，有时还可能引起煤壁片帮、支柱折损、顶板发生台阶状下沉等现象。

3. 周期来压步距的确定

基本顶两次周期来压的间隔时间称为来压周期。在来压周期内，采煤工作面推进的距离称为周期来压步距。周期来压步距常以基本顶悬臂梁的折断长度来确定，可按力学模型解算，也可现场经矿压观测实测。一般应用经验公式，基本顶周期来压步距为基本顶初次来压步距的 1/4~1/2，实际周期来压步距常在 6~30m 之间变动，一般为 10~15m。

四、工作面上覆岩层移动规律

在长壁开采，全部垮落法管理顶板的采煤工作面，随着工作面的不断推进，上覆岩层发生位移或破坏。根据岩层移动特征，可将煤层的上覆岩层分为冒落带、裂缝带和弯曲下沉带。

1. 冒落带

当采煤工作面回柱放顶后，冒落带岩层将自上而下依次垮落。一般冒落带下部的岩块因垮落时自由度比较大，排列极，不整齐，而上部岩块由于自由度比较小，块度较大，排列较规则。多数情况下，冒落带是由直接顶垮落后形成。一般认为开采后冒落带的高度一般为采高的 2~4 倍。

2. 裂缝带

裂缝带位于冒落带之上，随冒落带岩石的垮落和逐渐压实，裂缝带岩层出现弯曲下沉，然后离层和断裂为排列整齐的岩块。裂缝带的范围因冒落带上覆岩层的性质、开采高度的变化而变化。

3. 弯曲下沉带

裂缝带上方直至地表的岩层为弯曲下沉带。这部分岩层不产生裂缝或仅产生极微小的裂缝，并在采空区上方的地表形成一个比开采范围大的沉降区。

工作面支护的任务之一，就是有效地控制矿山压力并尽可能使其上覆岩层不离层，尤其是直接顶不离层。为此，要求支架有足够的支撑力（工作阻力）和一定的可缩性。为避免支架折断而产生离层，要求支架可缩量与顶板下沉量相一致。

第三节　采煤工作面矿山压力显现规律

采煤工作面四周支承压力是指采煤工作面前后方、两侧煤柱或采空区大于原岩应力的矿山压力。支承压力的显现特征可用支承压力分布范围、峰值的位置及应力集中系数来表示。支承压力分布范围是指沿指定截面（通常是指沿垂直或平行于煤壁的截面）支承压力连续分布的长度；支承压力峰值的位置是指支承压力的最大值所在的位置范围；应力集中系数是指支承压力峰值与原岩应力的比值大小。

1. 采煤工作面前后方支承压力分布

采煤工作面前后方支承压力分布与采空区处理方法有关，对于采用全部垮落法管理顶板的采煤工作面，其前方支承压力分布如图 1-1 所示。由于煤壁处为自由面，抗压强度小，煤壁附近煤层产生压缩变形，支承压力峰值所处位置随工作面推进向煤壁深处转移。

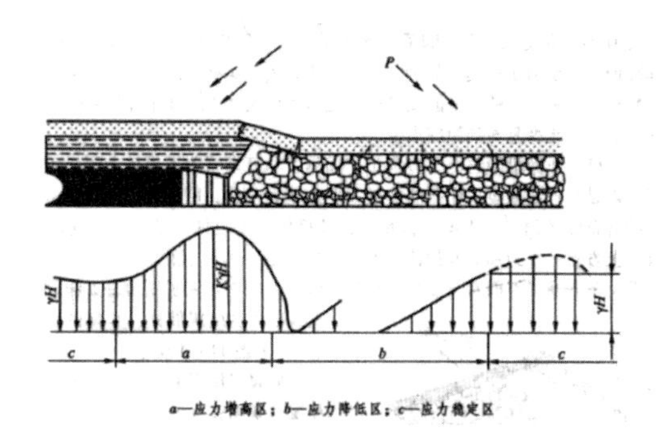

图 1-1　其前方支承压力分布如图

采煤工作面前方形成的支承压力，最大值发生在工作面中部前方，峰值可达原岩应力的 2~4 倍，即应力集中系数值的变化范围为 2.0~4.0。前方支承压力的峰值位置可深入煤体内 2~10m，其影响范围可达采煤工作面前方 90~100m。采煤工作面后方支承压力指作用在采空区已冒落矸石上的支撑压力。

采煤工作面前后方支承压力分布的特点可概括为：

（1）采煤工作面前方煤壁一端支承着工作面上方裂隙带及其上覆岩层的大部分重量，即工作面前方支承压力远比工作面后方大。

（2）由于采煤工作面的推进，煤壁和采空区冒落带是向前移动的，因此工作面前后方支承压力是移动支承压力。

（3）由于裂缝带形成了以煤壁和采空区冒落带为前后支承点的半拱式平衡，所以采煤工作面处于减压力范围。

2. 采煤工作面两侧支承压力分布

采煤工作面两侧的支承压力是指工作面两侧煤柱或煤上的支承压力。采煤工作面两侧支承压力分布规律的掌握，对采煤工作面区段平巷护巷煤柱尺寸的确定、沿空留巷和沿空送巷位置及时间的选择具有指导意义。随着采煤工作面的推进，除工作面前后方产生支承压力外，工作面两侧的煤柱或煤也将出现支承压力区。在采动影响范围内，工作面两侧支承压力的显现特征比较明显。在工作面前方采动影响范围之外和采空区顶板岩层冒落带稳定之后，工作面两侧支承压力趋于固定值，因此也称为“固定支承压力”。根据大量实际观测资料和研究分析，目前对采煤工作面两侧支承压力分布状态可得出以下初步结论：

（1）采煤工作面两侧的支承压力剧烈影响区并不在煤体的边缘，而是位于距煤体边缘一定距离的地带。长期以来采用 8~25m 煤柱护巷，使巷道恰好处于支承压力的高峰区内，这是使用煤柱护巷仍难以取得好的维护效果的根本原因。

（2）采煤工作面两侧煤体边缘处于应力降低区，支承压力低于原岩应力，而且工作面推过一定时间后，支承压力仍能长期保持稳定。如果把巷道布置在这个应力降低区内，可以使巷道容易维护，这是目前广泛推广无煤柱护巷的理论依据。

（3）采煤工作面两侧支承压力从开始形成到向煤体深部转移需要经过一段时间，所以要使沿空掘巷保持稳定，必须从时间上避开未稳定的支承压力作用期，也就是应使沿空掘巷相对于上区段采煤工作面有一个合理的滞后时间。这个合理的滞后时间根据具体条件不同可变化在 3 个月至 1 年之间。

第四节　采煤工作面顶板分类

由于煤层地质条件的多样性，必须将采煤工作面顶板按其组成、强度和有关开采技术条件进行分类。科学的分类可为顶板控制、支架选型、合理确定支护参数以及采空区处理方法提供依据。目前所使用的采煤工作面顶板分类方案，是原煤炭工业部于 1981 年颁发的《缓倾斜煤层工作面顶板分类（试行方案）》。

一、直接顶分类

在顶板分类试行方案中，将直接顶分为四类。它所采用的指标是按照由反映顶板稳定性的岩石单向抗压强度、节理裂隙间距和分层厚度综合而成的强度指数来确定的，并以直接顶初始垮落步距作为参考指标进行检验，如此可将直接顶分成四类。测定岩石单向抗压强度的岩样可取自采空区，制作成直径为 48~56mm，高径比为 1.8~2.2 的试样，然后按行业标准在实验室测定。节理裂隙间距是以在巷道内肉眼可见的最发育的一组构造裂隙为准，用有代表的 10~15 个观测数据的平均值作为分类的计算指标。

分层厚度指的是不同岩性的岩层间和同一岩层内沿层理的离层面间距，可以在巷道工作面控顶区或采空冒落区观测统计有代表性的 10~15 个数据，用它们的平均值作为分类的计算指标。如果最下面岩层厚度大于 1m，就以该层为准。否则，取直接顶下位岩层 1.5~2.0m 内各分层厚度的平均值。

事实上，直接顶分类的目的，原来的意图主要是选择液压支架架型，对单体支柱工作面而言则涉及护顶方式的选择，同时也将影响到支架工作组力的确定。

随着液压支架的发展，目前使用的工作阻力对于顶板控制一般均可适应，但是由于支架的反复支承及端面距过大，因而常导致端面顶板冒落；另外单体支柱工作面又由于工作阻力偏低，常引起直接顶的局部冒顶，因此，对于直接顶的分类及其目的尚有待于深入研究。

二、基本顶分级

基本顶来压强度主要决定于直接顶厚度与采高的比值及基本顶初次来压步距。根据 N 和 L 两个指标，将基本顶分为四级。

另外柱状顶板，常常可能出现下位的石灰岩层发生跌落，而上位岩层则呈现缓慢下沉现象或全部岩层呈现缓慢下沉现象，从而出现各种不同的矿山压力。因此，其分级将根据具体情况而定。

第二章　煤矿充填开采技术

第一节　似膏体泵送充填采煤技术

一、应用实例概况

公格营子煤矿井田内的煤组全区发育，为该矿主采煤层，煤层平均煤厚15m，属特厚煤层。由于该矿井田位置距老哈河2.5km，河床底部含水沙层覆盖于煤系地层上部为第四系沙层孔隙含水，水文地质条件较复杂，给地下煤矿开采造成很大的困难和安全隐患，甚至会发生重大水灾事故。因此防治水害是生产全过程中极其重要而且必须解决好的任务之一。此外，井田边界南部有公格营子村庄和公路，西部有叶赤铁路通过，因此企业面临着“三下”（即建筑物下、铁路下、水体下）压煤开采的难题。

根据该矿水文地质条件和地表建筑设施情况，原设计按常规垮落法顶板管理方法，留设了大量的煤柱，这对提高资源的利用率和延长矿井服务年限是极为不利的。采用何种安全有效的方法解放“三下”压煤，成为企业亟待解决的难题。

为了安全有效地开采“三下”压煤，该矿采用似膏体泵送充填采煤技术开展“三下”压煤的开采实践。

二、充填材料的组成与配比

选择什么样的充填材料关系到充填质量和充填成本。合适的充填材料应满足下列要求：

1. 强度。凝固效果好并且有合适的强度。

2. 流动性。制成的浆体能顺利地输送到井下。

3. 脱水率。充填料浆形成充填体前的脱水量要小。

4. 成本。充填材料的成本要低。

充填材料主要包括胶结料和骨料。煤矿似膏体充填开采中，胶凝材料采用水泥，骨料的选择原则是因地制宜、变废为利，在满足充填要求的前提下尽量选取低价或废弃物料，以降低充填成本。骨料主要包括：骨料，粒度为不大于20mm的破碎煤矸石或炉渣；细骨料，主要是选用建筑行业废弃的劣质砂或河砂、含砂土、白灰渣、粉煤灰。

经多次实验和优化，最终确定的充填材料优化配比为：水泥 4%、煤矸石 52%、粉煤灰 22%、料浆浓度 78%。

三、充填系统与工艺

1. 充填站位置确定

充填站设在工业广场南侧东部，对应一、二采区之间的浅部地面位置，占地面积 4800m^2，为防止积水，对存放物料场地和部分地面，进行垫高硬化处理。充填站场地内设有搅拌楼、胶凝材料立仓、集中控制室、集运带式输送机、配料机、上料带式输送机、锅炉房、水、电源等。充填站通过钻孔和管路与井下采区联络。

2. 充填工艺

似膏体充填使用的材料是破碎煤矸石、粉煤灰、胶结料和水等物料。充填的过程是：先将煤矸石破碎加工，然后把煤矸石、粉煤灰、胶结料和水等物料按比例混合搅拌制成似膏体浆液，再通过充填泵把似膏体浆液输送到井下充填工作面。

3. 充填管型选择

根据管输参数计算结果并考虑经济适用及井下安装方便，充填主管路选取内径为 150mm、壁厚 12mm 的无缝钢管。充填支管路采用相同管径的钢丝缠绕乙烯管。工作面采用聚乙烯软管。考虑地面到井下充填立管不易维修，应选用内径为 150mm、壁厚为 15mm 的高铬耐磨复合管。为减小输送阻力，弯头曲率半径 r=0.4~0.6m。考虑管路的维修方便，充填站至钻孔的地面管路采用地沟盖板方式，规格为 1.2m × 0.8m，沟内每 10m 设一管墩，管路连接采用法兰盘连接。井下干管为钢管，沿巷道由高向低铺设。工作面顺槽采用钢丝乙烯管铺设。

四、工作面充填采煤

（一）长壁工作面充填开采

井下充填开采首先是在一采区进行，采用长壁式工作面充填开采工艺。工作面布置方式为走向长壁倾斜分层，走向 150m，工作面长 70m，倾角 12°，采高 2.0m，支护采用 Dz-22 型单体液压支柱，Π 型钢梁，迈步推进，柱距 0.6m，循环进度 0.8m，后退式回采。

1. 工作面充填的步距。考虑该工作面的顶板和矿压情况，初步确定充填步距为 1.6~2.4m，充填次序为从下往上后退式分段充填。

2. 工作面挡浆措施。工作面进行充填，首先必须在工作面控顶区与待充填区之间构筑一道挡板隔离墙，形成一个“封闭”的待充填空间。具体做法是：塑料编织布紧贴临时支护靠工作面煤壁侧的木柱布置，其底留出 300mm 左右的富余量，底侧挖小沟卷向空区侧，用煤矸石或小木条使塑料编织布与工作面底板紧贴，防止充填时料浆沿隔离墙底边泄漏；

塑料编织布隔离墙外侧靠贴紧支设的单体液压支柱配合背板固定，顶部设计留出300mm左右的富余量，使其向内折，再利用浆液充满上顶之力使塑料编织布与顶板贴紧，防止浆液从顶板泄漏。

（二）巷式充填开采

采区第一、二分层充填开采实践表明，采用这种长壁工作面充填采煤工艺，存在的突出问题是：支设充填挡浆模板工作量大、时间长、效率低，影响充填作业效率和工作面产量。为了克服长壁工作面充填开采存在的问题，该矿现采用巷式充填采煤工艺。主采煤层煤组平均煤厚15m，采用分层开采，分层厚度3m。在每个分层内，采煤工艺采用巷式充填开采工艺。工作面两条顺槽由采区集中进回风巷引出，分别为区段运输巷和区段回风巷。

1. 充填工作面布置

工作面由运输平巷、回风平巷、开切眼、充填管路（设在回风巷）构成回采、通风、充填、运输各生产系统。

采煤工艺采用巷式充填开采工艺，充填巷采用S100-A型掘进机进行截割采煤，掘进机后部挂接皮带，通过带式输送机将煤炭运出。掘进机由运输平巷沿倾斜方向向回风平巷掘进，与回风巷相通后，充填由回风平巷向下对已采巷道进行充填。运煤系统：充填巷掘进面→充填巷→区段运输平巷→皮带巷；通风系统：皮带巷→区段运输平巷→充填巷→切眼→区段回风平巷；充填系统：总回风巷→区段回风平巷→充填巷。

2. 充填巷断面形式及掘进充填顺序

综合考虑巷道施工工艺和生产效率，设计充填巷断面为拱形，巷道断面宽4m，高3m，其中椭圆拱高1m，采用木锚杆支护，锚杆长1.6m，直径40mm。

充填巷掘进与充填顺序的合理布置主要考虑以下因素：

（1）充填巷应交错掘进。已掘进巷道进行充填，其充填过程、料浆凝固及达到最终强度需要近1个月的时间，因此下一条巷道的掘进必须相隔一定距离。

（2）前后掘进的两条巷道合理间距应考虑到煤（充填体）柱的稳定性和充填体的凝结时间。结合矿井地质生产资料，根据理论分析和充填施工实践，确定前后两条巷道的合理煤（充填体）柱宽度为8m。充填巷掘进由切眼侧向材料下山侧隔8m煤柱逐次掘巷充填，至停采线完成第一循环，其后在充填巷之间的煤柱中再进行第二、三循环。

（3）巷道充填工艺

待充填巷从运输平巷端掘进到回风平巷形成通路后，在充填巷靠近运输平巷及回风平巷处分别架设充填挡板。在回风平巷充填挡板接近巷道顶板处打孔，插入充填管。随后，在地面充填站制备似膏体料浆，通过泵送经充填钻孔、总回风巷、区段回风平巷向充填巷进行充填。这种巷式充填工艺，由于充填巷存在12° 的倾角，巷道的充填率能够有效保证，而且充填作业和掘进采煤作业可以同时进行，互不影响、工艺简单。

第二节 似膏体自流充填采煤技术

似膏体自流充填采煤技术利用水泥或砂土固结材料作为胶结剂，煤矸石、河砂、泥砂等作骨料，并在骨料中配以20%左右的细粒级物料（如粉煤灰等），制成质量浓度为70%~75%的似膏体料浆，通过重力自流的方式将料浆经管路系统输送至井下充填地点，充填料浆在采空区经少量脱水后固结成充填体，从而控制围岩及上覆岩层变形，达到控制地表下沉的目的。

一、应用实例概况

孙村煤矿目前开采垂深已达1350m，煤炭资源逐渐减少，多年强化开采产生的矸石山占用了300多亩的土地，容积已近饱和，新增矸石堆放成为制约矿井发展的难题，还对城镇环境和汶河水系造成了污染。为了缓解深部产量压力，提高煤炭资源回收率，消灭地面矸石山，实现深井老矿可持续发展，孙村煤矿在进行矿井系统改造时部分解放了井田南区-400m开采水平至-210m开采水平主副暗斜井约300万吨的保护煤柱，但在煤柱上方地面尚有河床、村庄、学校、公路、商业店铺，这些地面构筑物和建筑物需要保护。为克服以上难题，孙村煤矿实施了城镇下仰斜似膏体自流充填开采技术。

二、充填材料的组成与配比

对比各种充填工艺的特点，结合孙村煤矿的实际情况，确定采用似膏体自流充填工艺。胶结材料为水泥，充填骨料主要采用煤矸石和粉煤灰。综合经济技术两方面分析，确定充填料浆配比为水泥 : 粉煤灰 : 煤矸石 =1 : 4 : 15，浆体质量浓度为72%~75%，复合添加剂为1.0%~1.5%，7d充填体强度不低于0.7MPa。煤矸石粒径小于5mm。

三、充填系统与工艺

1. 充填系统设计

向采空区充填的材料类似于膏体，似膏体充填系统由地面破碎系统、制备系统、井下输送系统和采场充填系统四部分组成。在孙村煤矿矸石山附近建立充填制备站，该站的主要功能是将水泥、粉煤灰、煤矸石加水制成质量浓度为72%~75%的胶结充填料浆。在制备站附近设置两个充填钻孔，一个工作，一个备用，两钻孔间距10m，钻孔直径121mm，钻孔至-210m，开采水平垂高约为380m。

2. 充填系统主要设施

充填系统主要设施包括：

（1）搅拌设备。水泥、粉煤灰、煤矸石、添加剂搅拌采用 Φ2000mm × 2100mm 的搅拌桶，有效容积为 5.8m³。桶内布置双层搅拌叶片，叶片直径 650mm，上层叶片为右旋式，下层叶片为左旋式，叶片转速 240r/min。驱动电动机功率 40kW，转速 970r/min。搅拌桶内安设料位计，出浆口外由短钢管与主充填管道相连。搅拌桶出口安装电磁流量计和核辐射浓度计测定浆体流量和质量浓度。搅拌桶底部设置清洗和故障排砂口，由电动螺旋杆控制开启。水泥粉煤灰浆搅拌采用 Φ1500mm × 1500mm 的支搅拌桶，有效容积为 2.3m³。

（2）缓冲漏斗。煤矸石堆场内的煤矸石由电溜子提升转运到设在圆盘给料机上方的缓冲漏斗内，经圆盘给料机、振动筛、带式输送机向主搅拌桶供料。缓冲漏斗为锥台型，上口直径 5.26m，下口直径 2.0m，高度 3.5m，容积 38.6m³。

（3）粉煤灰仓。按粉煤灰日最大消耗量计算，粉煤灰仓总容积为 248m³。设计采用两个圆柱一圆锥立式密闭仓，每个仓容积 124m³，每小时供应粉煤灰 20.7m³。仓体为钢板结构，板厚 20mm，圆柱直径 5000mm，仓底出料口直径 300mm，仓全高 10.1m，容积 133.8m³，有效容积 113.7m³（料仓装满系数 0.85），两仓交替使用。

（4）添加剂仓。添加剂仓采用圆形水池形式。添加剂按水泥与粉煤灰质量的 1%~1.5% 添加。设计添加剂仓直径 5.0m，高 3.0m，容积 58.9m³，满足连续 12d 的使用量。

3. 充填工艺

似膏体充填料浆依靠自重和高度压差向井下输送，充填料浆的输送路线为：充填制备站→充填钻孔→钻孔绕道→ 210m 水平石门→工作面运输斜巷→工作面采空区。系统充填能力为 100~120m³/h。

4. 充填管型选择

似膏体充填系统由一路充填主管路、四路充填支管路和四个控制阀组成。工作面充填主管路选用直径 108mm 的无缝钢管，平行工作面煤壁布置，直接与工作面运输斜巷中的充填管路相接。工作面敷设四根直径 108mm 的充填橡胶软管支管，垂直于工作面煤壁布置，间距为 20~30m，工作面中部间距较大，两端间距较小，充填时管口直接伸向采空区，设在切顶排挡浆帘以上，用铁丝捆绑牢固。

第三节　膏体充填采煤技术

一、概况

膏体充填采煤技术就是将煤矸石、粉煤灰、河砂、工业炉渣等在地面加工制作成质量浓度为 80% 左右的牙膏状浆体，采用充填泵加压，通过管道输送到井下，对采空区进行充填的采煤方法。通过对煤矿采空区进行充填，达到支撑上覆岩层、防止或减少地表沉陷的目的。

膏体充填材料的胶凝剂采用水泥，骨料采用煤矸石、粉煤灰、河砂、工业炉渣等工业废弃物。膏体料浆浓度 80% 左右，充填料浆的坍落度不小于 180~220mm，单轴抗压强度：8h 强度不低于 0.1~0.2MPa，最终强度不低于 1~1.5MPa。因各个矿井的充填材料有差异，故最优充填材料配比也有细微差异。下面是某煤矿采用的充填材料配比：水泥 5%、粉煤灰 20%、煤矸石 55%、水 20%。

二、膏体泵送胶结特点

胶结充填采矿技术的出现和发展，给金属矿山，特别是有色金属矿、金矿、铀矿的开采带来了巨大的深远的影响，使得坑内采矿的诸多复杂技术难题从此找到了解决的途径，具体表现在以下几方面：

1. 胶结充填采矿技术可以应用到水平矿体、缓倾斜矿体、急倾斜矿体、分枝复合矿体等各种角度、各种厚度、各种复杂多变的矿体，特别是厚大矿体，能够大幅度提高矿柱回采率和出矿品位，因此可以最大限度地回收贵重金属和高品位矿石。

2. 采用胶结充填采矿技术可以有效地控制地压活动，缓解深部采矿时岩爆的威胁。

3. 采用胶结充填采矿技术可以有效地阻止岩层发生大规模移动，实现水体下、建筑物下采矿，同时保护了地表不遭破坏，维持原有的生态环境。

4. 采用胶结充填采矿技术可以对某些需要优先开采下部或底盘富矿的矿山实现“采富保贫”而不会造成矿产资源的破坏和损失。

5. 胶结充填采矿技术能有效地隔离和窒息内因火灾，因而成为开采有自燃性硫化矿床的有效手段。

（一）膏体充填的概念和特点

当砂浆的体积浓度大于 50% 时，全尾砂充填料浆中的固体颗粒不再游离沉淀，料浆成稳定的粥状膏体，直至成为牙膏状。由于膏体料浆像塑性结构体一样在管道中作整体运动，因此膏体中的固体颗粒一般不发生沉淀，层间也不出现交流，而呈现“柱塞”状的运动状态。膏体“柱塞”断面上的速度和浓度的变化为常数，只是润滑层的速度有一定的变化。细粒物料像一个圆环，集中在管壁周围的润滑层慢速运动，起到“润滑”的作用。由于膏体料浆的塑性黏度和屈服应力均较大，因而只能在施加外力克服膏体屈服应力后，方可流动。

膏体充填的特点概述如下：

1. 全尾砂膏体料浆的质量浓度一般为 75%~82%，添加粗骨料后的膏体料浆质量浓度则可达 81%~88%；膏体料浆的屈服应力和塑性黏度均很大，一般采用泵压输送，但在充填倍线较小的情况下，也可以采用自流输送。

2. 只有充填料中的超细粒级保持一定比例，才能使混合充填料形成稳定性好的膏体，因此，充填物料的渗透性便失去了意义，这使得全尾砂的应用成为可能，同时，超细粒级充填料的固有缺点，在膏体料浆的输送方面则转化为技术经济上的优势。

3. 全尾砂膏体充填料浆中的粗颗粒，不可能单独在高浓度下自流输送或泵压输送，它只有与细颗粒混合后形成膏体，并作为混合料浆的载体，用泵压送入井下充填，才能形成不用脱水、沉缩率小、接顶率高的高质量高密度充填体。

4. 膏体在管道中的流动呈“柱塞”状，其核心呈恒速流动，近“柱塞体”管壁处的速度梯度与摩擦阻力和表面润滑层的黏度有关。

5. 膏体充填料的内摩擦角较大，凝固的时间短，能迅速地对围岩和矿柱产生抗力，减缓空区闭合，在充填后几个小时便可进行作业。

6. 膏体充填料中一般添加水泥制备成胶结充填料，对选厂送来的低浓度全尾砂常采用高效浓密机、真空过滤机或离心脱水机进行脱水；膏体充填料常用高浓度砂泵或混凝土泵进行输送。

全尾砂膏体泵送胶结充填的主要优点有：尾砂利用率高（一般为 90%~95%），可节省大部分采集、加工充填料的费用；减少了尾矿库基建、经营和维护费用；水泥用量减少，充填成本降低；改善了井下作业环境，节省排水、排污费等。

其主要缺点是：一次性基建投资大，工艺设备环节多，维护管理复杂等。

（二）膏体充填料的级配及强度特征

从粒径级配的角度，以 0.25mm 为界将膏体充填混合料分成大于 0.25mm 的粗骨料和小于 0.25mm 的细粒级混合料（包括水泥和粉煤灰在内）。混合料的粒级组成对膏体的力学性能及输送性能起着决定性作用。

水泥的添加量取决于充填体的强度要求，由试验或类比法确定。水泥水化作用所需的水量，大约为水泥添加量的 30%（质量比），但制备充填料所需的水量远远超出水化作用所需的水量。金川全尾砂细石胶结膏体充填料浆的水灰比为 1.8~2.5。水化多余的水用于湿润颗粒表面并形成合理的流动性。因此，水的添加量除满足水化作用需要量之外，更主要的是考虑颗粒的细度，越细需要的水越多。充填料中细粒级的含量除保证良好的可泵性之外，还可使充填料的密度极大增加。据国内经验，在全尾砂细石膏体胶结充填料中，细粒料的体积含量（包括水泥和粉煤灰）应大于混合干料体积量的 45%。金川矿和格隆德矿的粗、细粒级比例都是 1 ∶ 1。

全尾砂膏体的强度仍然随着灰砂比、浓度的提高而增加；随着龄期、水泥标号的提高而增加。不过全尾砂的粒级组成对强度的影响非常明显，颗粒越细，达到分级尾砂胶结充填料同样强度的水泥耗量越多，这是全尾砂给膏体强度方面带来的不利影响。但是这一不利因素可由膏体泵送工艺予以弥补，因为全尾砂添加细石之后所形成的新级配，有利于孔隙率减小，料浆密度提高，粒级配合理，从而使强度提高，水泥耗量相对降低。在全尾砂膏体胶结充填料浆中添加适量的粉煤灰，可提高胶结充填体强度，特别是后期强度，其提高的程度因粉煤灰质量、水泥性质及骨料粒度组成而异。粒度较细的全尾砂膏体胶结充填料中，粉煤灰的加入量不宜超过水泥质量的 50%。

（三）膏体充填料的可泵性

可泵性是反映膏体在泵送过程中流动性、可塑性和稳定性的一个综合性指标。流动性取决于浓度和粒级组成；可塑性是克服屈服应力后，产生非可逆变化的一种性能；稳定性是抗沉淀、抗离析的能力，这是材料和泵送试验的核心。

1. 膏体泵送充填对充填料的要求：

（1）输送时对管壁的摩擦阻力要小。

（2）压送过程中不得产生离析现象，要选择稳定性良好的级配，要使膏体悬浮液的稳定性好，使其不致离析沉淀。

（3）在泵压充填中，膏体料浆的坍落度、强度、温度、泌水性等不产生大的变化。

（4）膏体中固体含量特别是超细粒级含量要合适。

2. 膏体材料的坍落度。它的大小直接反映了膏体材料流动性的好坏与流动阻力的大小。坍落度过小，则泵送阻力过大，就会使得粗粒料在速度改变处集聚堵塞，并且也会使泵吸入坍落度小的膏体困难和充盈系数小，影响泵的效率；坍落度过大，则会产生泌水、离析，以致管路堵塞。膏体的浓度和粒级组成对坍落度影响明显。在选取泵送坍落度时还应考虑细石在管道压力下有吸水性质，因而会造成膏体丧失部分水分，以致使坍落度降低。

3. 细粒级与粗粒惰性材料的配比。细粒级与水形成混合浆体黏附在粗粒惰性材料的表面，并充填其间孔隙，特别是其中 -20μm 含量起着形成稳定性膏体的决定作用。细颗粒膏体载体的体积与粗骨料孔隙体积之比不应小于 1。

4. 可泵性还取决于膏体在压力作用下的流变性能。可泵性应当包括反映黏性流的屈服应力、H-B 黏度以及反映粉粒散体的内摩擦角和内聚力。

（四）膏体泵送充填系统

金川二矿区膏体泵送充填系统，是我国科技人员借鉴国外经验，经过十几年的研究开发，在近几年正式投产运行的膏体充填系统。其设计能力为 $60m^3/h$，每天充填 12~13h，日充填能力可达 $720\sim780m^3$。主要工艺流程包括物料准备、定量搅拌制备膏体、泵压管道输送、采场充填作业几部分。

选厂的尾砂经旋流器分级后，-37μm 细泥返回浓密池，+37μm 粗尾砂排至两个 Φ10m × 10.5m 大型搅拌槽贮存待用。矿山充填时，尾砂用 4 台 2DYH-140/50 油隔离泵，经 3×Φ180mm、长 3100m 管道，上行输送至矿山搅拌站 $2\times520m^3$ 尾砂仓中备用。在尾砂浆入仓过程中加入絮凝剂以加速尾砂沉降。充填时，由尾砂仓造浆以 60% 左右的浓度放到中间稳料搅拌槽，搅拌均匀后再泵至水平带式真空过滤机脱水处理成含水 22%~24% 的滤饼，滤饼经带式输送机，与分别来自地面碎石仓的碎石（-25mm）或棒砂和粉煤灰同时进入第一段双轴叶片式搅拌机进行初步混合，制成膏体非胶结充填料，再经双轴螺旋搅拌机均匀搅拌后，由 2×KSP140-HDR 液压双缸活塞泵经管道泵压输送到设在坑内 1250 中段的第二泵站内的第一段搅拌槽（双轴叶片式），在此与来自地面的水泥浆混合并经两次搅拌制成膏状胶结充填料，由坑内泵站的第二段 2×KSP140-HDR 液压双缸活塞泵经管道送到充填采场。

膏体胶结系统所用水泥由地面水泥仓仓底直接放出，定量给入活化搅拌槽，制成一定质量浓度的水泥浆后，再由 2× KSP140—HDR 液压双缸活塞泵经 101.6mm 管道压送到泵站供制备胶结充填料之用。

三、充填工艺系统

整个充填工艺系统可以划分为 4 个基本环节，分别是矸石破碎、料浆制备、管道泵送、充填体构筑。

1. 矸石破碎子系统

有关膏体充填材料配比试验表明，矸石作为膏体充填的骨料，需要有合理的粒级组成，才能使膏体充填材料既具有良好的流动性能，又具有较高的强度性能。为此，对矸石破碎加工有以下要求：

（1）最大粒度小于 20~25mm。

（2）小于 5mm 的颗粒所占的比例为 30%~50%。

2. 管道泵送子系统

膏体充填料浆采用专用充填泵加压管道输送，系统由充填泵、充填管及其配件、管道压气清洗组件、沉淀池等组成。

3. 充填工作面构筑子系统

为了实现膏体充填工作面构筑及使用先进的开采技术，实现综合机械化高效安全开采，采用专门充填液压支架。充填液压支架具有以下特点：

（1）充填液压支架不仅要支护采煤工作空间，还要保证在充填体达到初凝的 4~6h 内支护处于采空区的充填空间，保证充填作业的安全和充填体不被直接顶板压垮，起到保证充填率的最后关键作用。

（2）充填支架应能够作为隔离墙，承受膏体充填料浆对支架产生的侧向压力，保护充填袋不被膏体挤压鼓破，保持充填体直立固化的形态。

（3）解决工作面开采和充填在时间和空间上的矛盾。

四、充填采煤工艺

膏体充填采煤工艺中的采煤工艺与一般综采相同，充填工艺流程为：安全确认→充填准备（支设隔离墙、吊袋、接管）→巡回检查→通知充填站打水→灰浆推水→矸石浆推灰浆→正常（轮流）充填→管道清洗（灰浆推矸石浆→水推灰浆→压风推水）→充填结束验收。主要环节说明如下：

1. 支设隔离墙。进行充填前，支架移直移顺后定位。开始分别在工作面回风巷和运输巷上帮处顺原巷道打设隔离墙，并在充填区内两个充填袋交接处再打设一道隔离墙，从而将待充填区分割成 4~5 个小的充填区域。

2. 吊挂充填袋。隔离墙打好后，用充填袋在待充填区内构筑封闭空间。

3. 工作面充填管布置。综采充填工作面充填管布置路线为：地面充填站→地面充填管→充填钻孔通路→工作面→工作面回风巷→综采充填工作面→充填点。

4. 工作面充填顺序。工作面充填顺序是由工作面倾斜下方向上方顺序充填，即按照先下后上的顺序依次充填。

5. 巡回检查。充填工作开始前必须认真检查各项准备工作的完成情况，以保证充填能够连续顺利进行。

6. 管道打水。工作面泄水巷派专人观察充填管末端工作面充填管阀门处出水情况，见水后报告充填站管道出水情况。

7. 灰浆推水。管道充满水后下灰浆，在正式充填前，先泵送由粉煤灰和水泥制成的粉煤灰膏体料浆，把管路内的清水排出。

8. 矸石浆推灰浆。待设计量的粉煤灰膏体料浆快泵送完时，将正常配比的矸石粉煤灰膏体料浆放入缓冲料浆斗继续泵送，此时充填管路前段为清水，中间为粉煤灰膏体料浆，后段为矸石粉煤灰膏体料浆。

9. 正常充填。充填正式开始时，回风巷侧工作面第一个闸板阀接通旁路，第一根布料管从该阀旁路接口连接到一个充填孔进行充填。在充填的同时准备第二个闸板阀接通旁路，并在第二个闸板阀连接好第二根布料管。

10. 灰浆推矸石浆。当泵送充填料浆达到设计充填量以后，地面充填站制备少量粉煤灰膏体，适当降低泵送速度，用粉煤灰浆把料浆斗和充填泵入口内的矸石浆全部推入充填管道中。

11. 水推灰浆。当粉煤灰浆快泵送完时，向料浆内放入清水，在粉煤灰浆后面泵送清洗管道。

12. 压风推水。井下工作面排水管排出清水后，停止泵送清水，改用压风把充填管路内的清水及其他遗留物吹出充填管路，完成清洗工作。

13. 充填结束验收。验收内容包括岗位工作结束验收和交接班验收，验收结果报告矿调度室。

第四节　高水充填采煤技术

高水充填采煤技术是采用高水材料制备成料浆，充入采空区后不用脱水便可以凝结为固态充填体的一种新的充填采煤工艺。

一、高水材料概况

高水材料由甲、乙两种粉料按 1 ∶ 1 的比例组成，可将高比例水凝结为固态结晶体，从而使充填料浆在采场不脱水而变成固体。普通高水材料的体积比含水率范围为 86%~91%，与之相应的质量水固比范围为（1.89~3）∶ 1，质量比含水率范围为 69%~75%，真实质量浓度范围为 25%~34.6%。

近年来，出现了体积比含水率大于 92%，质量水固比大于 4 ∶ 1 的超高水材料。超高水材料由 A、B 两种主料和 AA、BB 两种辅料组成。A、B 两种主料以 1 ∶ 1 的比例使用，AA、BB 两种辅料根据实际要求配合使用。超高水材料固结体 28d 抗压强度可达到 0.66~1.5MPa。超高水材料 A、B 两种单浆液可以维持 30~40h 不凝固，混合以后材料可快速水化并凝固。

二、充填系统与工艺

基于高水充填材料的性能特点，这种充填系统主要包括材料贮存、浆体制备、浆体输送以及浆体混合四个子系统。

1. 浆体制备系统

（1）制浆系统

浆体制备系统是将固体粉料制成液态，以便于管道长距离输送。料浆制备是整个充填系统中的重要环节。浆体制备系统应具备性能稳定、按要求制浆的特点。制浆系统由 A 料浆与 B 料浆两个制备子系统组成。两套系统各环节均相同，分别由各自的给料系统、水与粉料计量系统、搅拌系统、浆体缓存系统以及辅料供给部分组成。在使用时，多个搅拌器交替工作，使料浆供给呈连续态，可始终保证有足量浆体供充填泵使用，满足料浆输送要求。

（2）制浆系统生产能力的确定

制浆系统生产能力与充填系统能力是相对应的。对具体充填系统能力的要求，需根据具体矿井生产条件来确定。根据目前高水充填材料现场的应用情况，确定制浆系统产浆能力在 100~150m^3/h 之间。

2. 浆体输送系统

浆体输送系统包括输送泵、输送管路与浆体混合等。对浆体输送系统的基本要求是运行平稳、系统简单、浆体输送能力足够。输送系统能力应不低于制浆系统的最大产浆能力，且须与制浆系统产浆能力相匹配，满足充填开采要求。

（1）泵送系统

配制的高水充填材料以浆体形式由管路输送至采空区，输送设备要求流量大。可供选择的输送设备有离心泵与柱塞泵两种。离心泵的特点是输送浆体粒径大、能力高，流量选择范围宽、价格低，但存在输送压力较小、输送流量不够准确等问题；柱塞泵具有吸浆负压高、输送压力大、输送流量准确等特点，而存在的问题是输送能力选择范围不宽、设备价格较高。针对高水充填材料浆体输送时流量要稳定可靠的特点，柱塞式输送泵是高水充填材料浆体输送的首选。

（2）管路系统

配制好的高水充填材料浆体通过管路分两路输送至采空区，一路输送 A 料，另一路输送 B 料。管路长度根据实际充填对象确定。

对管路系统的基本要求是管路应能顺畅输送充填浆体，且具有一定的耐压能力。管路材质一般选无缝钢管，管径依据管内输送物料特性及输送能力，综合考虑管内浆体的适宜流速来确定。管路输送距离较长时，管间连接应可靠，一般选用具有耐压性的法兰连接。管路安装时，应尽量减少变径、弯头、阀门等的使用数量，避免人为造成的管路死角，消除浆体堵塞的可能因素，使管路输送顺畅，以降低管道输送阻力。

（3）混合系统

高水充填材料两种不同浆体在充入采空区之前应充分混合，以保证充填浆体的凝固符合要求。实现该目的的方法之一是在两种浆体混合处设立中间预混装置，使 A、B 两种浆体初步混合后，再进入混合装置实现浆液的充分混合。

三、充填开采方法

用于采空区充填的方法有很多，但各有其适应条件。高水材料充填料浆稠度低、流动性好，如何合理地使其应用于大体积、大空间的充填工程中，需要有与其相适应的充填方法与充填工艺，如此才能发挥其最大效能。

根据其流动性好的特点，高水充填材料充入采空区的渠道有两种：通过地面打孔至采空区进行灌注；通过管路直接输送至井下采空区进行充填。

将高水材料浆液输送至工作面后，可通过两种方法将其保持在采空区并凝固：利用高水材料浆液良好的流动性令其自然流淌与漫溢，直至充满整个采空区；通过管路将其导引至预先设置于采空区的封闭空间或袋包内，使其按要求形成固结体。

1. 采空区开放式充填方法

开放式充填是指在工作面推进（仰斜开采）过程中，对采空区不进行任何调控，即允许采空区上覆岩层（主要指直接顶）垮落，采空区完全处于开放与自由状态的充填方式。其具体做法是：自开切眼始，工作面推进适当距离后，即可对采空区实施充填。随着充填工作的不断推进，充填浆体液面也不断上升，逐渐将低于工作面位置水平以下的采空区充填密实，并将部分垮落下来的矸石（若存在）胶结起来，形成整体支撑上覆岩层的充填胶结承载体。

该方法优点：充填与开采互不影响，充填工艺简单，易于组织与管理，工作面支架不需改造。

不足之处：当采高较大或煤层倾角较小时，开放式充填对控制上覆岩层有一定的局限性，甚至存在该方法不能实施的可能性。

2. 采空区全袋（包）式充填法

采空区全袋（包）式充填方式的核心是在采空区范围内全部布置充填袋，袋内充入高水充填材料，凝固后对上覆岩层直接进行支撑。

该方法优点：全袋（包）式充填能满足现有大多数采煤方法与回采工艺条件下的采空区充填要求，与开放式充填相比，适用性更广，特别是对水平或近水平条件下的煤层有较好的适应性（放顶煤开采除外）。

不足之处：充填袋（包）架设工序烦琐，劳动组织复杂，工作量较大；充填与回采相互影响，两工序配合管理技术要求高。

四、固体（矸石）充填采煤技术

（一）固体（矸石）采煤系统概况

固体（矸石）充填采煤技术的基本思想是将地面的矸石、粉煤灰等材料通过垂直连续的输送系统运输至井下，再用带式输送机等相关运输设备将其运输至充填开采工作面，借助固体充填采煤液压支架、固体充填物料转载机及固体充填物料刮板输送机等充填采煤关键设备实现采空区充填。固体充填采煤系统主要包括地面充填材料制备与输送系统、固体物料投料及输送系统、工作面充填系统。其中运煤、运料、通风、运矸路线如下：

1. 运煤路线：充填采煤工作面→运输平巷→运输上山→运输大巷→运输石门→井底煤仓→主井→地面。

2. 运料路线：副井→井底车场→辅助运输石门→辅助运输大巷→采区下部车场→轨道上山→采区上部车场→回风平巷→充填采煤工作面。

3. 新风路线：副井→井底车场→辅助运输石门→辅助运输大巷→轨道上山→回风平巷→充填采煤工作面。

4. 乏风路线：充填采煤工作面→回风平巷→回风石门→风井。

5. 运矸路线：地面→固体物料垂直输送系统→井底车场→辅助运输石门→辅助运输大巷→轨道上山→回风平巷→充填采煤工作面。

（二）地面充填材料制备与输送系统

固体（矸石）充填采煤技术采用的固体充填材料一般有：矸石、粉煤灰、黄土及风积沙等。目前，煤矿充填采煤技术所选用的固体充填材料多为煤矿开采和洗选过程中排放的矸石。一般地面矸石充填材料制备输送系统分为 3 个环节：

1. 将矸石山的矸石装载至输送机上。此环节主要采用推土机、装载机及装料漏斗等设备，把矸石装载至带式输送机或者刮板输送机上。

2. 对矸石进行破碎。输送机把矸石运输至破碎机，通过破碎机进行破碎，达到充填工艺所要求的粒径。

3. 运输至投料井口。破碎后的矸石经带式输送机运输至投料井上口，此时要有控制系统对矸石的运输速度进行控制，在必要情况下需要设置地面矸石仓。如果有多种物料（如矸石和粉煤灰混合）按照一定的比例混合作为充填材料，则需要采取措施控制这几种固体物料的输送速度，从而控制其配比。一般都是通过设置地面矸石仓或者其他固体物料的缓冲仓达到控制输送速度的目的。

（三）固体物料垂直输送系统

1. 投料系统

充填材料采用大垂深投料钻孔输送至井下储料仓，然后通过带式输送机运至工作面。垂直投料输送系统的主要设备包括地面运输装置、缓冲装置、满仓报警装置、清仓装置、控制装置等。

这种投放系统的几个关键技术分别是投料井直径、耐磨管壁厚以及缓冲器机构、贮料仓、贮料仓防堵系统及贮料仓清理装置。

（1）投料井直径

投料井直径的大小取决于两个因素：一是物料最大颗粒直径；二是所需物料量。投料井直径太小，不仅直接影响固体物料的输送，且容易堵管；直径过大，则增加经济成本以及影响井底接料。一般取大于最大通过物料粒径的 3 倍为投料井的直径。投料井管内径一般选 450~550mm。

（2）投料管壁厚

考虑到充填材料中矸石硬度较大，以及井筒较深，对钢管磨损大，投料管选用双层耐磨管，壁厚 12mm 左右。

（3）缓冲器

在直接投放系统中，充填材料是从距离井底 100~800m 的地面通过投料井直接投放到井底的，较大的投料高度会导致充填材料到达井底时的冲击力很大。为了防止出现冲击力过大造成设备损坏等安全问题，必须在贮料仓上部设置缓冲器装置，以减小充填材料投放到贮料仓中的冲击力。

（4）贮料仓

为了保证充填材料运输的连续性，不影响充填开采工作面的生产，同时防止充填材料在下放过程中堵管，必须在直接投放系统中设置贮料仓。其设计原则为容量必须满足固体充填采煤生产中一个班或者一天所需要的充填量。

（5）贮料仓防堵装置

贮料仓防堵设计有两个方面：一是满仓报警装置；二是堵仓清理装置。

1）满仓报警装置

满仓报警装置是把物位计安设于缓冲器底部双减震拱形梁下部，共布设 2 台，通过通讯分线连接。通讯分线经集线盒汇入通讯电缆，经副井通至地面投料控制室。料仓堆料达到一定高度后，物位计报警信号通过通讯电缆传入地面控制室自动停止投料。

2）堵仓清理装置

受贮料仓内环境的影响，随着矸石在贮料仓内的积压，可能会出现矸石胶结的现象。为了保证下部出料口的畅通，应从各个方面减少物料的粘壁现象。在投料系统中可采用空气炮防堵措施。空气炮具有冲击力大、安全、节能、操作简单、对贮料仓无损伤等优点，适用于各种钢制、混凝土以及其他材料制成的筒式料仓。

2. 井下输送系统

结合矿井已有的生产系统，充填开采工作面充填材料用带式输送机运送，其输送系统为：地面矸石仓→投料井→储料仓→采区运矸巷→采区运研上山→运料（矸）巷回采工作面。

（四）工作面充填系统

充填采煤工作面的采煤设备及工艺与普通综采基本相同，区别只在于架后充填工艺与回采并行作业。充填工作主要靠悬挂式充填刮板输送机和液压夯实机共同完成，通过充填刮板输送机的卸料孔将充填物料直接充填于未垮落的采空区内，利用液压夯实机将充填物料推挤接顶并夯实。

随采随充并全采全充，以充填为主。若充填不满一排时，割煤可暂停，等待充填夯实，其工艺过程如下：支架拉移后，将充填刮板输送机移至支架尾梁后端部进行充填。充填顺序由充填刮板输送机的机尾向机头方向进行，当前一个卸料孔卸料到一定量后，开启下一个充填卸料孔，并随即对前一个卸料孔所在支架后部已卸下的充填物料进行夯实。充填和夯实平行作业，如此反复，直到夯实为止。

矸石与粉煤灰直接充填综合机械化关键设备包括自夯式充填开采液压支架、悬挂式充填刮板输送机、自移式转载特殊设备等，通过这些设备的应用实现了采煤与充填并行作业。

1. 固体充填采煤液压支架

充填液压支架的特点包括：

（1）固体充填支架是在传统的综采支架上进行改装的，它拆除了传统的综采液压支架尾梁，代以水平后顶梁，为采空区矸石充填提供空间。

（2）形成充填矸石的连续输送通道，在后顶梁设计挂式充填输送机，充填材料从卸料孔中落入采空区。

（3）支架后设计压实机构，把充填矸石压实，实现矸石的密实充填。主要由前顶梁、立柱、底座、四连杆机构、后顶梁、固体充填物料刮板输送机、夯实机等构成。后顶梁由两根斜立柱支撑，以增加支架后顶梁的支护强度和稳定性。固体充填物料刮板输送机机身悬挂在后顶梁上，用于充填材料的运输，与充填采煤液压支架配合使用，实现工作面的整体充填。夯实机安装在支架的底座上，对充填材料进行夯实。

2. 固体充填物料刮板输送机

固体充填物料刮板输送机是基于工作面刮板输送机研制而成的，其基本结构同普通刮板输送机类似，不同之处是在固体充填物料刮板输送机下部均匀地布置卸料孔，用于将充填物料卸落在下方的采空区内。为了控制卸料孔的卸料量，固体充填物料刮板输送机在卸料孔下方安置有液压插板，在液压油缸的控制下，可以实现卸料孔的自动开启与关闭。

第三章　矿尘防治技术

第一节　矿尘性质分析

能够较长时间呈浮游状态存在于空气中的一切固体微小颗粒称为粉尘。煤矿粉尘（简称粉尘）是煤尘、岩尘和其他有毒有害粉尘的总称。生产过程中散放出的大量粉尘称为生产性粉尘，矿山粉尘（简称矿尘）就属于这类粉尘，它是矿井在建设和生产过程中所生产的各种岩矿微粒的总称。

一、粉尘的定义及分类

1. 粉尘的定义

粉尘是固体物质细微颗粒的总称。

从胶体化学观点看，矿尘散布在矿井空气中，和空气混合构成气溶胶，成为一个分散系。空气是分散介质，矿尘是分散相。

2. 粉尘的分类

（1）按粉尘的成分分

1）煤尘

细微颗粒的煤炭粉尘称为煤尘，它是采煤、煤巷掘进以及运煤中产生的尘粒中以固定可燃物为主的粉尘。

我国不同种类的煤所含固定炭的比例为：褐煤 45%~55%，烟煤 65%~90%，无烟煤大于 90%。

2）岩尘

细微颗粒的岩石粉尘称为岩尘，它是岩巷掘进中产生的，尘粒中不含或极少含有固定炭可燃物的粉尘。

煤矿井下作业产生的粉尘主要为煤尘和岩尘，此外，还有少量的金属微粒和爆破时产生的其他尘粒。

（2）按煤尘有无爆炸性分

1）爆炸性煤尘

经过煤尘爆炸性鉴定，确定悬浮在空气中的煤尘云在一定浓度和有引爆热源的条件下，能发生爆炸或传播爆炸的煤尘称为爆炸性煤尘。

2）无爆炸性煤尘

经过煤尘爆炸性鉴定，确定不能发生爆炸的煤尘称为无爆炸性煤尘，能够减弱和阻止有爆炸性煤尘的矿尘称为惰性粉尘。煤矿中的惰性粉尘主要是岩尘。

（3）按粉尘中游离 SiO_2 含量分

1）矽尘

粉尘中游离 SiO_2 含量在 10% 以上的粉尘称为矽尘。煤矿中的岩尘一般都为矽尘。

2）非矽尘

粉尘中游离 SiO_2 含量在 10% 以下的粉尘称为非矽尘。煤矿中的煤尘一般都为非矽尘。

（4）按粉尘在井下的存在状态分

1）浮游粉尘

浮游在空气中的粉尘称为浮游粉尘。

2）沉积粉尘

较粗的尘粒在其自重的作用下，从矿井空气中沉降下来，附着在巷道、硐室周边，支架、材料和设备等上面的粉尘称为沉积粉尘。

部分浮游粉尘因其自重沉降而形成沉积粉尘，沉积粉尘在暴风、冲击波等作用下，又可再次飞扬起来成为浮游粉尘。

（5）按粉尘的粒度组成范围分

1）总粉尘

指飞扬在井下空间包括各种粒径的粉尘。

2）呼吸性粉尘

能吸入人体肺泡区的浮尘称为呼吸性粉尘，其空气动力径小于 7.07 μm。呼吸性粉尘能吸入人体和其他动物的最小支气管及肺泡里引起尘肺病，是对人体危害最严重的粉尘。

（6）按尘粒直径的大小分

1）粗尘：尘粒直径大于 40 μm，相当于一般筛分的最小粒径，在空气中极易沉降。

2）细尘：尘粒直径在 10~40 μm 之间，在明亮的光线下，肉眼可以看到，在静止空气中做加速沉降运动。

3）微尘：尘粒直径为 0.25~10 μm，在光学显微镜下可以观察到，在静止空气中做等速沉降运动。

4）超微尘：尘粒直径小于 0.25 μm，在光学显微镜下才能观察到，在空气中做扩散运动。

二、矿尘的产生

1. 矿尘的产生

煤矿井下生产的绝大部分作业，都会不同程度地产生粉尘。产生矿粉尘的主要作业有：

（1）采煤机割煤、装煤和掘进机掘进。

（2）爆破作业。

（3）各类钻孔作业，如打炮眼、锚杆眼和注水钻孔等。

（4）风镐落煤。

（5）装载、运输、转载和提升。

（6）采场和巷道支护，移架和推溜等。

（7）放煤口放煤。

如发生冒顶和冲击地压等也会产生大量的粉尘。

2. 影响产尘的主要因素

（1）采掘机械化程度和开采强度

据不完全统计，机械化开采的煤矿井下矿尘的 70%~85% 来自采掘工作面。采掘机械化程度的提高和开采强度的加大使产尘量大幅度地增加。在地质条件和通风状况基本相同的情况下，不同的采掘方法及有无防尘措施，其产尘浓度相差很大。有无防尘措施，粉尘的粒度分布也有差异。采取防尘措施后，粗粉尘的比例下降，微细粉尘的比例上升，说明除去的粗粉尘更多。

产尘量除受机械化程度的影响外，与开采强度（即工作面的产量）也有密切关系。一般情况下，在没有采取防尘措施的煤矿井下，产生的煤尘为 1%~3%，有的综采工作面达到了 5% 以上。

（2）地质构造及煤层赋存条件

地质构造复杂、断层褶曲发育、受地质构造运动破坏强烈的煤田，开采时产尘量大，粉尘颗粒细，呼吸性粉尘含量高。

煤层的厚度、倾角等赋存条件对产尘量也有明显影响。开采厚煤层比开采薄煤层的产尘量大，开采急倾斜或倾斜煤层比开采缓倾斜煤层产尘量大。

（3）煤岩的物理性质

一般情况下，节理发育、脆性大易碎、结构疏松、水分低的煤岩较其他煤岩产尘量大，尘粒也细。

（4）采煤方法和截割参数

在相同煤层条件下，采用不同的采煤方法其产尘量也不同。急倾斜煤层用倒台阶采煤法比用水平分层采煤法产尘量大，顶板全冒落采煤法比充填采煤法产尘量大。

采掘机械截齿形状及排列、牵引速度、截割速度、截割深度等确定和选择得是否合理都直接影响着产尘量及其粒度组成。

（5）环境温度和湿度

在其他条件相同的情况下，如果作业环境温度高、湿度低，则悬浮在空气中的粉尘的浓度就大。

（6）作业点的通风状况

1）通风方式

在合适条件（如急倾斜倒台阶采煤工作面）下，下行通风方式比上行通风方式产尘量少。

2）风速

风速是影响作业环境空气中粉尘含量的极其重要的因素。风速过大，会将已沉积的矿尘吹扬起来，风速过低，影响供风量和矿尘的吹散。最佳排尘风速要根据作业点的特点而定。国内外认为，掘进工作面的最佳最低排尘风速为0.25~0.5m/s。

3. 浮游粉尘的运动情况

井下作业产生的浮游粉尘，因受风流吹动和尘粒自身的重力作用，将做定向运动或不规则（布朗）运动。

粉尘在风流作用下的运动状况与风流的状态有密切关系。当风速较大时，即当粉尘的速度比（风速比尘粒的速度）接近于1时，尘粒基本上处于均匀分布状态，呈悬浮流动，当风速较小时，粉尘的速度比是不规则变化的，尘粒呈疏密流或停滞流，当在巷道底板扬起粉尘时，粉尘绝大部分靠近巷道下部运动，当风速很小时，粉尘仅部分被风流带走，当局部巷道断面变小风流增大时，粉尘的运动状态也随之发生变化。

悬浮在风流中的粉尘，在自身的重力作用下沉降，一般情况下，进入回风巷内的部分粉尘大致在距工作面约60m的范围内沉降下来，装载点扬起的部分粉尘，大致在距尘源20m的范围内沉降下来。

悬浮在气流中的微细粉尘是很难沉降的，仅靠与障碍物接触时黏附在障碍物上，当聚集的尘团重量大于黏附力时，便于第二次进入风流中。

沉积粉尘可被风流再次扬起，此时的风速叫作沉积粉尘的吹扬速度。煤尘被吹扬的速度为5~25m/s，单层煤尘被吹扬的速度为20~140m/s，煤尘局部被吹扬的速度为2~24m/s，单层煤尘局部被吹扬的速度为2~6m/s。

三、矿尘的危害

矿尘的危害性主要表现在以下几个方面。

1. 对人体的危害：矿尘可使矿工患肺病。尘肺病是煤矿井下职工长期吸入含有矿尘的空气引起肺部纤维增生性疾病。尘肺病分矽肺、煤肺和煤矽肺3类。人的肺部长期吸入矿尘，轻者会引起呼吸道炎症、眼角膜炎等，重者会引起尘肺病。矿工一旦染病，该病即为终生疾患，当前医疗水平尚无能力根治，疾患不可逆转，丧失劳动能力。尘肺病不仅使肺功能衰竭，呼吸困难，又会因尘肺病引发多脏器（肝、胆、肾、消化及免疫系统等）衰竭，缩短寿命。病人生存期间一直在极其痛苦的病痛中度过，且病痛严重和临亡时的痛苦状态惨不忍睹。我国煤矿职业病相当严重，尤其是尘肺病。

2. 粉尘中的煤尘在一定条件下会燃烧或爆炸。一般而言，单一煤尘爆炸的概率相对比瓦斯爆炸要小。但一旦引发瓦斯爆炸，尽管引发瓦斯爆炸的瓦斯量（最多不过十余立方米）起始量并不多，但作业地点和巷道内存在大量的煤尘，瓦斯爆炸时必然产生瞬间强劲气流，掀扬起大量煤尘，使该地点空气中的煤尘浓度即刻达到爆炸浓度，与爆炸火焰相遇，形成更大爆炸能量的煤尘爆炸，继而又使受爆炸冲击波冲击的巷道重复上述过程，造成能量更为巨大的煤尘爆炸，爆炸产生的冲击波致使原有正常的通风系统和巷道被破坏，导致灾害扩大。若矿井内存在大量煤尘（积尘），甚至使整个矿井遭到毁灭性的破坏，矿井内人员就更无法幸免于难。另外，爆炸产生高温、高压和冲击波，可损坏设备、推倒支架、毁坏巷道，并将积尘扬起，造成二次、三次的连续爆炸，连续爆炸是煤尘爆炸的一个重要特征，它使矿井遭受严重破坏。

3. 作业场所粉尘过多，污染劳动环境，影响视线，影响效率，不利于及时发现事故隐患，容易引起伤亡事故。

4. 煤尘对爆破安全的危害：爆破一方面扬起沉积的煤尘，另一方面产生新的煤尘，极易使空气中煤尘达到爆炸浓度。此外，井下违章裸露爆破，也容易扬起大量的煤尘，加上裸露爆破产生的炮火可导致煤尘爆炸，危害极大。

5. 加速机械磨损，缩短精密仪器使用寿命。

6. 降低瓦斯、煤尘各自的爆炸下限，降低作业场所的防范安全度。

四、含尘量的计量指标

1. 矿尘浓度

单位体积矿内空气中所含浮尘的数量称为矿尘浓度，其表示方法有两种：

（1）质量法：每立方米空气中所含浮尘的毫克数，单位为 mg/m^3。

（2）计数法：每立方厘米空气中所含浮尘的颗粒数，单位为粒 $/cm^3$。

我国规定采用质量法来计量矿尘浓度。《煤矿安全规程》对井下有人工作的地点和人行道中的空气粉尘（总粉尘、呼吸性粉尘）浓度标准做了明确规定，同时还规定作业地点的粉尘浓度，井下每月测定 2 次，井上每月测定 1 次。

2. 产尘强度

是指生产过程中，采落煤中所含的粉尘量，常用的单位为 g/t。

3. 相对产尘强度

相对产尘强度是指每采掘 1 t 或 $1m^3$ 矿岩所产生的矿尘量，常用的单位为 mg/t 或 mg/m^3。凿岩或井巷掘进工作面的相对产尘强度可按每钻进 1m 钻孔或掘进 1m 巷道计算。相对产尘强度使产尘量与生产强度联系起来，便于比较不同生产情况下的产尘量。

4. 矿尘沉积量

矿尘沉积量是单位时间在巷道表面单位面积上所沉积的矿尘量，单位为 g/($m^2 \cdot d$)。这一指标用来表示巷道中沉积粉尘的强度，是确定岩粉撒布周期的重要依据。

五、矿尘性质

1. 矿尘中游离 SiO_2 的含量

矿尘中游离 SiO_2 的含量是危害人体的决定因素，其含量越高，危害越大。游离 SiO_2 是许多矿岩的组成成分，如煤矿上常见的页岩、砂岩、砾岩和石灰岩中游离 SiO_2 的含量通常在 20%~50%，煤尘中的含量一般不超过 5%。

2. 矿尘的粒度与比表面积

矿尘粒度是指矿尘颗粒的平均直径，单位为 μm。

矿尘的比表面积是指单位质量矿尘的总表面积，单位为 m^2/kg，或 cm^2/g，矿尘的比表面积与粒度成反比，粒度越小，比表面积越大，因而这两个指标都可以用来衡量矿尘颗粒的大小。煤岩破碎成微细的尘粒后，首先其比表面积增加，因而化学活性、溶解性和吸附能力明显增加；其次更容易悬浮于空气中；第三，粒度减小容易使其进入人体呼吸系统，据研究，只有 5μm 以下粒径的矿尘才能进入人的肺内，是矿井防尘的重点对象。

3. 矿尘的分散度

分散度是指矿尘整体组成中各种粒级尘粒所占的百分比。分散度有两种表示方法：

（1）重量百分比：各粒级尘粒的重量占总重量的百分比称为重量分散度。

（2）数量百分比：各粒级尘粒的颗粒数占总颗粒数的百分比称为数量分散度。

粒级的划分是根据粒度大小和测试目的确定的，我国工矿企业将矿尘粒级划分为 4 级：小于 2μm、2~5 μm、5~10μm 和大于 10μm。

矿尘分散度是衡量矿尘颗粒大小构成的一个重要指标，是研究矿尘性质与危害的一个重要参数。

4. 矿尘的湿润性

矿尘的湿润性是指矿尘与液体亲和的能力。湿润性决定了采用液体除尘的效果，容易被水湿润的矿尘称为亲水性矿尘，不容易被水湿润的矿尘称为疏水性矿尘。对于亲水性矿尘，当尘粒被湿润后，尘粒间相互凝聚，尘粒逐渐增大、增重，其沉降速度增加，矿尘能从气流中分离出来，可达到除尘目的。

5. 矿尘的荷电性

矿尘是一种微小粒子，空气的电离以及尘粒之间的碰撞、摩擦等作用，使得尘粒带有电荷，可能是正电荷，也可是负电荷。带有相同电荷的尘粒，互相排斥，不易凝聚沉降，带有异电荷时，则相互吸引，加速沉降。

6. 矿尘的光学特性

矿尘的光学特性包括矿尘对光的反射、吸收和透光强度等性能。在测尘技术中，常常用到这一特性。

第二节 粉尘监测

一、粉尘监测技术

（一）游离 SiO_2 测定技术

1. 原理

硅酸盐溶于加热的焦磷酸，而石英几乎不溶，以质量法测定粉尘中游离二氧化硅的含量。

2. 器材

（1）锥形烧瓶（50mL）、量筒（25mL）及烧杯（200~400mL）。

（2）玻璃漏斗和漏斗架。

（3）温度计（0~360℃）。

（4）电炉（可调）、高温电炉（带温度控制器）。

（5）瓷坩埚或铂坩埚（25mL，带盖）。

（6）纸浆。

（7）干燥器（内盛变色硅胶）。

（8）玛瑙研钵。

（9）定量滤纸（慢速）。

（10）pH 试纸及分析天平（分度值为 0.0001 g）。

3. 试剂

（1）焦磷酸（将 85% 磷酸加热到沸腾，至 250℃不冒气泡为止，放冷，储存在试剂瓶中备用）。

（2）氢氟酸。

（3）结晶硝酸铵。

（4）盐酸。

以上试剂均为化学纯品。

4. 采样

采集工人经常工作的地点的呼吸带附近的悬浮尘，按滤膜直径为 75mm 的采样方法，以最大流量采集 0.2g 左右的粉尘，或用其他合适的采样方法进行采样。当受采样条件限制时，可在呼吸带高度采集沉降尘。

5. 分析步骤

（1）将采集的粉尘样品放在 105 ± 3℃的烘箱烘干 2 h，冷却后储存于干燥器备用，如粉尘颗粒较大，需要用玛瑙研钵磨细到手捻有滑感为止。

（2）用分析天平准确称 0.1~0.2 g 粉尘，记录质量后放入 50ml 锥形烧瓶中。

（3）如粉尘样品中含有煤、其他碳元素及有机物时，应放入瓷坩埚中，在 800℃ ~900℃的高温电炉中灼烧 30min 以上，使其中的碳素和有机物完全灰化，冷却后将残渣用焦磷酸洗入锥形烧瓶中。若粉尘中含有硫化矿物（如黄铁矿、黄铜矿、辉钼矿等），应加数毫克结晶硝酸铵于锥形瓶中。

（4）用量筒取 15mL 焦磷酸，倒入锥形瓶中，摇动，使样品完全湿润。

（5）将锥形烧瓶置于可调电炉上，迅速加热到 245℃ ~250℃，保持 15min，并用带有温度计的玻璃棒不断搅拌。

（6）取下锥形烧瓶，在室温下冷却到 100℃ ~150℃，再将锥形烧瓶放入冷水中冷却到 40℃ ~50℃，在冷却过程中加入 50℃ ~80℃的蒸馏水稀释到 40~50mL。稀释时一面加水，一面用力搅拌均匀。

（7）将锥形烧瓶内容物小心地移入烧杯中，再用热蒸馏水冲洗温度计、玻璃棒和锥形烧瓶，把洗液一并倒入烧杯中，并加蒸馏水稀释到 150~200mL，用玻璃棒搅匀。

（8）将烧杯放到电炉上煮沸内容物，趁热用无灰滤纸过滤（滤液中有结晶尘粒时，需加纸浆）。滤液勿倒太满，一般约在滤纸漏斗的 2/3 处。

（9）过滤后，用 0.1 mol/L 盐酸洗涤烧杯并移入漏斗中，并将滤纸上的残渣冲洗 3~5 次，再用蒸馏水洗至无酸性反应为止（可用 pH 试纸检测）。如果用铂坩埚时，需洗至无磷酸根反应（检测方法见后）后再洗三次。上述过程应在当天完成。

（10）将带有残渣的滤纸折叠数次，放于恒温的瓷坩埚中，在 80℃的烘箱中烘干，再放在电炉上低温灰化，灰化时要加盖并留一小缝隙，然后放入高温（800℃ ~900℃）电炉中灼烧 30min，取出瓷坩埚，在室温下稍冷却，再放入干燥器中冷却 1 h，称至恒重，并记录。

（二）呼吸性煤尘中游离二氧化硅含量红外光谱测定法

1. 原理

生产性粉尘中最常见的是 a 石英，a 石英在红外光谱中于 12.5 μ m（800 cm^{-1}）、12.8 μ m（780cm^{-1}）及 14.4 μ m（694cm^{-1}）处出现特异性强的吸收带，在一定范围内其吸收光度值与 a 石英质量呈线性关系。

2. 器材及试剂

（1）器材

1）红外分光光度计。

2）压片机及锭片模具。

3）感量为 0.00001g 或 0.000001g 的分析天平。

4）箱式电阻炉或低温灰化炉。

5）干燥箱及干燥器。

6）玛瑙乳钵。

7)200 目筛子。

8）瓷坩埚。

9）坩埚钳。

（2）试剂

1）标准 a 石英尘：纯度在 99% 以上，粒度小于 5μm。

2）溴化钾：优级纯或光谱纯，过 200 目筛子后，用湿式法研磨，于 150℃干燥后，存储于干燥器中备用。

3）无水乙醇：分析纯。

3. 粉尘样品采集及处理

1）采尘后的滤膜由受尘面向内对折三次放在瓷坩埚内，置于低温灰化炉或电阻炉（小于 600℃）内灰化，冷却，放在干燥器内待用。称取溴化钾 250mg 和灰化后的粉尘样品一起放在玛瑙乳钵中研磨均匀后，连同压片模具一起放在 110±5℃的干燥箱内 10min，将干燥后混合样品置于压片模具中，加压 25MPa，持续 3min，制备出的锭片作为测定样品。

2）取空白滤膜一张，放在瓷坩埚内灰化后，与溴化钾 250mg 一起放入玛瑙乳钵中研磨均匀，按上述方法进行压片处理，制备出的锭片作为参比样品。

4. 样品测定

（1）测试条件：依各种类型的红外分光光度计的性能确定。以 x 横坐标记录 900~600cm^{-1} 的图谱，在 900 cm^{-1} 校正零点和 100%，以 y 纵坐标表示吸光度。

（2）分别将测定样品锭片与参比样品锭片置于样品室光路中进行扫描，记录 800cm^{-1} 吸光度值。测定样品的吸光度值减去参比样品的吸光度时，查 a 石英标准曲线，求出煤尘中游离二氧化硅的质量。

5.a 石英标准曲线制备

（1）精确称取不同剂量的标准石英尘（910~1 000μg），分别加入 250mg 溴化钾，置于玛瑙乳钵中充分研磨混匀，按上述样品制备方法做出透明的锭片。

（2）制备石英标准曲线样品的分析条件应与被测样品的条件完全一致。

（3）将不同剂量的标准石英锭片置于样品室光路中进行扫描，以 800 cm^{-1}，780 cm^{-1} 及 694cm^{-1} 三处吸光值为纵坐标，以石英质量为横坐标，绘制出三条不同波长的 a 石英标准曲线，并求出标准曲线的回归方程式。在无干扰的情况下，一般选取 800 cm^{-1} 标准曲线进行定量分析。

二、粉尘粒度测试技术

（一）粒度分布的测定方法

测定粉尘粒径的分布时，要根据测定目的来选择测定方法，具体测定方法主要有以下几种。

1. 计数法

计数法是指对有一定代表性的一定数量的样品逐个测定其粒径的方法。属于这个方法的有显微镜法、光散射法等。计数法测得的是各级粒子的颗粒百分数。

2. 计重法

计重法是指以某种方法把粉尘按一定的粒径范围分级，然后称取各部分的质量，求其粒径分布。常用的计重法粉尘粒径测量采用离心、沉降或冲击原理将粉尘按颗粒分级，测得的是各级粒子的质量百分数。

（二）MD-1 型粉尘粒度分布测定仪测定粉尘粒度

1. 工作原理

根据斯托克斯沉降原理和比尔定律测定粉尘粒度分布。粉尘溶液经过混合后，移入沉降池中，通过旋转圆盘，使沉降池中的粉尘溶液处于均匀状态。溶液中的粉尘颗粒在自身重力的作用下产生沉降现象。在沉降初期，光束所处平面的溶质颗粒动态平衡，即离开该平面与从上层沉降到此的颗粒数相同。所以该处的浓度是保持不变的。当悬浮液中存在的最大颗粒平面穿过光束平面后，该平面上就不再有相同大小的颗粒来替代，这个平面的浓度也开始随之减少。

2. 实验步骤

（1）制样。

1）滤膜粉尘样：将滤膜样品放入 25mL 的称量瓶中，倒入适量的溶液，放置 15~30min，待滤膜上的粉尘全部溶入溶液中，再用镊子取出滤膜，应尽量将滤膜上的粉尘脱落。

2）研磨产生的粉尘或其他粉尘：先放入烘箱中烘干，然后过 200 目标准筛，筛下粉尘方可进行粒度分析。

（2）选择分散剂。

（3）仪器背景值调整：2500~3800 之间。

（4）粒度测定：

1）打开电源开关，显示 state 1。

2）按 GO 键，进入 state2，按 ENT 键，输入参数：粉尘真密度（煤粉 1.65，滑石粉 2.57）、液体真密度 p、黏度系数 VX 100（查表）、沉降池高度 H（查表）。

3）用吸管往沉降池中移入适量的分散剂，液面高度高于 1 即可。把沉降盒向右旋转 45°，将沉降池放入沉降盒内，然后再将沉降盒旋回原位，并确认已将沉降池顶紧，旋转圆盘上的光路对准标志线与仪器上的标志线重合后，即可进行下一步工作。

注：在进行背景值、光密度值测量时，都应保证沉降池顶紧，旋转圆盘上的光路对准标志线与仪器上的标志线重合，重合后旋转锁定旋钮锁定圆盘。后面不再重复叙述。

4）按进行键 GO，仪器进入状态 4(state 4) 后，按 ENT 键测出背景值。

若分散剂用乙酸丁酶，为准确起见，测背景时应在乙酸丁酶溶液中放入一张空白滤膜，然后将沉降池放入沉降盒，若分散剂用无水乙醇，则无需在分散剂中放空白滤膜。

注：该值应在 2500~3800 之间，如果超出范围，可通过调节光强调节旋钮使该值处于该范围。该步骤应在仪器测试前调节好。

测定完毕后，取出沉降池，将溶液倒出，然后将制备好的粉尘溶液倒入沉降池并放入仪器内，再按 ENT 键，测最大光密度值，仪器显示该值以 100 ± 10 为宜，大于 110 时应稀释粉尘溶液，小于 90 时应加粉尘，直到调节到合适为止。

注：溶液浓度变化后，可直接按 ENT 键，重测光密度值，直到合适为止。每次测定之前都应反复转动圆盘，使粉尘溶液均匀之后才能测量。

5）按进行键 GO，仪器进入状态 5(state5) 后，按 ENT 键开始测量，此时仪器随时间自动显示时间 t 和光密度值。

6）当达到所需粒径的测量时间时，按 BRE 键终止测量，仪器自动计算，并显示粒度分布值。

7）作平行样时需再次摇动溶液，然后按复位键 RET，再按进行键 GO，使仪器进入状态 6(state 6)，再按 ANG 键，仪器又开始测量，测量完毕，关掉电源。

8）结果重显：按 GO 键，仪器进入状态 1(state 1)：按 RED 键，仪器提示用户要显示第几次结果，用户输入次数值后按 ENT 键确认，仪器自动显示该次粉尘粒度分布结果。

9）打印。

三、粉尘浓度检测技术

在井下粉尘作业环境中工作时，所吸入的粉尘量与浮游在空气中的粉尘浓度密切相关。对浮游粉尘浓度进行检测的目的在于：

1. 对井下各作业地点的矿尘浓度进行测定，以检验作业地点的矿尘浓度是否达到国家卫生标准。

2. 研究各种不同采、掘、装、运等生产环节的产尘状况，提出相应的问题解决方案。

3. 评价各种防尘措施的效果。

（一）粉尘浓度检测技术概述

粉尘浓度监测工作是粉尘防治工作的重要组成部分。

粉尘浓度监测的内容包括总粉尘浓度检测和呼吸性粉尘浓度检测两部分。《煤矿安全规程》规定，煤矿井下作业场所的总粉尘浓度每月测定2次，个体呼吸性粉尘浓度监测，采、掘工作面每3个月测定一次，其他工作面或工作场所每6个月测定一次，定点呼吸性粉尘浓度每月测定1次。

目前世界各国粉尘浓度的检测技术大致有两类：常规粉尘浓度检测技术，主要包括粉尘采样测尘技术、直读式测尘仪测尘技术；粉尘浓度连续监测技术，主要是利用粉尘浓度传感器与监控系统联网对粉尘浓度进行连续监测。

从流行病（尘肺病）调查的数据结果中获得的粉尘计量与尘肺病的反应关系表明：单纯尘肺病的发生取决于粉尘粒子在肺内的累积、粉尘的毒性作用和粉尘粒子滞留在肺内的时间等因素，同时也表明，作业场所粉尘的平均速度浓度比最高浓度更有实际意义。但是，作业场所测定的粉尘浓度必须能反映到达肺内的全部粉尘粒子，即呼吸性粉尘粒子。鉴于以上原因，世界各国都制定了矿山粉尘呼吸性接触膜值，粉尘监测技术也由测量总粉尘浓度向测量呼吸性粉尘浓度转变，由短时测量向长周期连续监测转变。

短时采样测尘是定时定点采集空气中的粉尘，由于测量速度快而在中国广泛使用，但不及长时间连续监测数据的准确和可靠。国内粉尘监测的发展及趋势可以概括如下：一是短时间采样测尘与长时间（一般为8 h）连续监测并重；二是逐步向连续在线监测发展。

（二）粉尘采样器测定粉尘浓度

1. 工作原理

采样工作时，微电动机带动叶片泵工作产生负压将含尘空气抽入采样器，形成气流运动。含尘气流通过粉尘采样装置分离后呼吸性粉尘被捕集在滤膜夹上，根据滤膜上的粉尘质量和采样体积，按下式计算粉尘的浓度值：

$$C=\left(W_2-W_1\right)/\left(Q\times t\right)\times 1000$$

式中 C——粉尘浓度，mg/m^3；

W_1——采样前滤膜的质量，mg；

W_2——采样后滤膜的质量，mg；

t——采样时间，min；

Q——采样流量，L/min。

2. 安装调整

（1）准备器材

1）粉尘采样器主机。

2）预捕器：全尘式或呼吸性粉尘预捕器。

3）滤膜：配用 ϕ75mm 或 ϕ40mm 的过氯乙烯纤维滤膜。

4）天平：感量为万分之一的全自动电子分析天平。

5）硅油：六万黏度的甲基硅油。

6）干燥器：采用普通干燥时应放置变色硅胶。

7）镊子：不锈钢钟表镊子。

8）刮刀：不锈钢小刮刀。

（2）测定程序

1）全尘测定

①首先用镊子取出干净的滤膜，除去两面的衬纸，先放在天平上称重并记录，压入滤膜夹，然后放入贴好标签的样品盒内备用。当使用 ф75mm 滤膜时应做成漏斗状安装在全尘预捕集器内，并使滤膜绒面朝向进气口方向。

②现场采样首先要选好采样地点，需要固定采样的应打开专用三脚支架，使粉尘采样器水平稳固地固定在三脚架平台上。

③将安装好滤膜的预捕集器紧固在采样头连接座上，并使预捕集器的进气口置于含尘空气的气流中。

④采样时间根据现场粉尘种类、浓度及作业情况来预置。一般采样时间以 20~25min 为宜，粉尘浓度较高的场所一般预置 2~5min 即可。

2）呼吸性粉尘测定

①玻璃捕集板先用中性洗涤液浸泡，除去表面污渍，经清水漂洗后，再用脱脂棉球及无水酒精擦净。

②用洁净的小刮刀蘸取少量硅油，涂抹在捕集板圆心位置，再向侧边将硅油刮薄展开，使硅油涂成 ф15mm 的圆形。由于硅油黏度较高，数小时后才会出现均匀扩散现象，因此捕集板涂抹硅油的工作应在采样前提前进行并保证其不受污染。实验表明，捕集板上涂抹硅油控制在 0.5~5mg 范围内，粉尘捕集效果将是不受影响的。

③将已涂好硅油的捕集板放在天平上称重并做好记录，放入贴好标签的样品盒内备用。工作时，将玻璃捕集板从样品盒内取出，安装在预捕集器分离装置前部的捕集板座台上，用金属卡环压紧，再旋上预捕集器的进气盖。

④将洁净的 ф40mm 滤膜，除去两面的衬纸放在天平上称量并做好记录，压入滤膜夹，放入贴好标签的样品盒内备用。工作时，将装好滤膜的滤膜夹取出，安装在分离装置底座的金属网上，最后旋上已经安装好的预捕集器前段，即告安装完毕。

3. 使用与操作

粉尘采样器主要部件及面板各键功能介绍如下：

（1）采样头连接座：根据采尘范围选择呼吸性粉尘预捕器或全尘采样头，与采样器连接时不得松动、漏气，连接口应保持洁净，严防玷污或异物吸入。

（2）流量计：观察流量计浮子顶部平面的位置就能读出采样流量值的采样时间、显示时间，单位为 min，个位小数点开始闪烁时则表示采样器开始工作，计时器开始倒计时。

（3）采样时间显示：显示“00”~“99”分钟内预置。

（4）开关键：启动或关闭采样器电源，启动时采样时间显示“00”。

（5）时间预置键：按动此两钮可在“00”~“99”分钟内任意设置时间。

（6）复位键：当采样时发现有误或需重新预置时间时，可按此键，即可停止采样，再重报预置时间。

（7）流量调节键：通过调节上、下键，可将采样流量调到规定值。

（8）工作键：时间预置好后，按下工作键，采样器即可开始工作。

在选定的采样地点，将采样器牢固安装在专用三脚支架上，其高度应符合现场呼吸带高度。取出预捕集器安装在采样器上，并将进气口置于含尘空气流中。开机采样要根据现场粉尘种类及环境情况，一般采样时间控制在 20~25min。粉尘浓度较高的场所，采样时间定为 2~5min 即可。

全尘采样时，采样流量根据测尘需要按流量调节上、下键，使采样流量调到需要的流量值。呼吸性粉尘采样时，流量调整在 20 L/min 处，并保证整个采样过程中流量保持不变。

采样结束后，应小心取出粉尘样品放入相应的样品盒内。样品应进行干燥处理后再称重记录。

（三）直读式呼吸性粉尘、总粉尘浓度测定

1. 工作原理

将滤膜夹插入检测装置内，由装置内的检测系统对空白滤膜的质量进行测量，测量结果计为 N1 并存储。再将滤膜夹取出，放入采样装置内开始采样。采样结束后自动储存采样时间，然后将滤膜夹重新插入检测装置内，对采样后的滤膜质量进行测量，测量结果计为 N2 并存储，最后由单片机进行数据处理并计算出粉尘浓度，显示在显示屏上，并自动存储。

检测系统的测量原理：检测系统由 β 射线源及检测元件组成。当 β 射线穿过介质时，β 粒子与介质的原子相互作用及介质对 β 射线的吸收，使得原来入射的能量发生不断的变化。当 β 粒子能量被吸收时，粒子数量便减少，而当使用低能 β 射线时，其质量吸收系数只与介质的质量有关，其衰减规律可用特定方程式来表达。由该表达式计算出采样前后的 β 粒子的减少量，在上述采样流量计采样时间的条件下即可直接计算出粉尘浓度值。

2. 准备

CCX1000 型直读式测尘仪使用前必须用配套的专用充电器进行充电，充电器电源为 220V、50Hz 的交流电。红色二极管亮表示充电器的电源已接通，充电完成时，二极管变为绿色光，充电时间一般为 14 h 左右。

CCX1000 型直读式测尘仪，根据选用的采样头不同可以分别进行总粉尘浓度或呼吸性粉尘浓度测量。总粉尘浓度测量使用器材：总粉尘采样头、30mm × 22mm 滤膜、滤膜夹、不锈钢镊子、强力剪刀。呼吸性粉尘浓度测量使用器材：冲击式粉尘分离装置、ϕ20mm 无色玻璃冲击板、30mm × 22mm 纤维滤膜、7501 型真空硅脂、滤膜夹、不锈钢镊子、强力剪刀。

3. 测量步骤

将 30mm × 22mm 纤维滤膜用镊子放入滤膜夹，应保证滤膜不露出滤膜夹边缘，并必须保证滤膜的平展，将滤膜夹插入检测装置中检测采样前的滤膜质量，测定 N 值后，将滤膜夹抽出插入采样装置中准备进行采样。

注：滤膜的平展度是保证测尘准确度的重要因素之一，安放滤膜时一定要确保滤膜的平展度良好。

将总粉尘采样头（测总粉尘）或冲击式分离器（测呼吸性粉尘）旋入测尘仪主机并压紧滤膜夹进行采样，采样完成后，将滤膜夹从采样装置中抽出插入检测装置内，对滤膜上的粉尘质量（N2 值）进行测量。

粉尘浓度测定步骤：粉尘浓度的测量可以概括为四个步骤：测量 N1 值→启动抽气系统并开始采样→测量 N2 值，计算并显示所测粉尘浓度→存储数据。详尽说明如下：仪器的开关由“开关”键控制。

开机后仪器进行预热，预热时间 200s，若不进行预热可按“放弃”键退出预热，仪器进入主功能菜单。

浓度测量:将放有空白滤膜的滤膜夹插入检测装置内，按“确认”开始测量 N1 值（时间 30s）；进入下一个菜单，输入采样时间（1~3600s），此时，将滤膜夹从检测装置中抽出插入采样装置中，并将采样头拧紧准备采样。采样结束后，将采样头旋出，并将滤膜夹从采样装置中插入检测装置中，准备检测采样后的滤膜质量，按“确认”开始测量 N2 值（操作同测 N1）。最后显示结果。

四、粉尘浓度监测有关的法规及标准

1. 与粉尘浓度监测有关的法规

《煤矿安全规程》规定，煤矿企业必须按国家规定对生产性粉尘进行监测。必须测定的内容包括总粉尘浓度、粉尘粒度分布、个体呼吸性粉尘、定点呼吸性粉尘、粉尘中游离的 SiO_2 含量。

（1）总粉尘：作业场所的粉尘浓度，井下每月测定 2 次，地面及露天煤矿建设作业场所每季度至少测定 1 次；粉尘粒度分布，每 6 个月测定 1 次，工期不足 6 个月的测定 1 次。

（2）呼吸性粉尘：工班个体呼吸性粉尘监测，掘进（剥离）工作面每 3 个月测定 1 次（工期不足 3 个月的测定 1 次），其他作业场所每 6 个月测定 1 次。每个采样工种分 2 个班次连续采样，1 个班次内至少采集 2 个有效样品，先后采集的有效样品不得少于 3 个。定点呼吸性粉尘监测每月测定 1 次。

（3）粉尘中游离的 SiO_2 含量，每 6 个月测定 1 次（工期不足 6 个月的测定 1 次），在变更工作面时也必须测定 1 次；各接尘作业场所每次测定的有效样品数不得少于 3 个。

《煤矿安全规程》还规定了作业场所中粉尘（总粉尘、呼吸性粉尘）浓度标准。

此外，国家安全监管总局和国家煤矿安全监察局于2003年还相继颁布了三个法规:《煤矿安全监察行政处罚办法》《煤矿安全生产基本条件》和《煤矿建设项目安全设施监察规定》，这三个法规中对粉尘的危害防治都有相关条文的规定。

2. 粉尘的工业卫生标准

我国工业卫生标准规定，粉尘作业环境的粉尘浓度为质量浓度。英美等主要西方国家从20世纪70年代开始，粉尘浓度的测量逐渐由数量浓度向呼吸性粉尘的质量浓度过渡。为了控制作业的粉尘浓度、防止粉尘危害，各国都制定了粉尘浓度标准。

第三节　煤尘爆炸及其预防

自然界有许多的固体物质在正常状态下是不燃烧或者很难燃烧的。但是当它们被破碎成微细粒状时就转变成易燃或者爆炸性物质。例如，金属铝块是不可燃的，但铝粉则能燃烧，还可能爆炸，块煤只能燃烧，但煤尘则可能爆炸。本节重点学习煤尘爆炸的相关知识和防治与隔绝煤尘爆炸的技术措施。

一、煤尘爆炸的机理及特征

1. 煤尘爆炸的机理

煤尘爆炸是在高温或一定点火能的热源作用下，空气中氧气与煤尘急剧氧化的反应过程，是一种非常复杂的链式反应。一般认为其爆炸机理及其过程如下：

（1）煤本身是可燃物质，当它以粉末状态存在时，总表面积显著增加，吸氧和被氧化的能力大大增加，一旦遇到火源，氧化迅速展开。

（2）当温度达到300℃~400℃时，煤的干馏现象急剧增强，放出大量的可燃性气体。

（3）形成的可燃气体与空气混合在高温作用下吸收能量，在尘粒周围形成气体外壳，即活化中心，当活化中心能量达到一定程度后，链反应过程开始，游离基迅速增加，发生了尘粒的闪燃。

（4）闪燃所形成的热量传递给周围的尘粒，并使之参与链反应，导致燃烧过程急剧地循序进行，当燃烧不断加剧使火焰速度达到每秒数百米后，煤尘的燃烧便在一定临界条件下跳跃式地转变为爆炸。

2. 煤尘爆炸的特征

煤尘爆炸时的氧化反应主要是在气相内进行的。煤尘受热分解产生的可燃性气体的性质和数量在燃烧和传播过程中起着决定性作用。反应速度很快时，固体尘粒表面也有氧化作用的发生。

一般来讲，煤尘爆炸有如下几个特征。

（1）产生高温高压

煤尘爆炸时可产生高温高压，当煤尘刚被点燃时，产生的火焰和冲击波同速传播，稍后冲击波加速超前，二者速度相差可达 1 000m/s，据测定，煤尘爆炸后火焰温度达 1 600℃ ~1 900℃。但爆炸产生的热量可使爆炸地点温度超过 2 000℃。煤尘爆炸的理论压力为 736kPa。但是，在有大量沉积煤尘的巷道中，如果煤尘发生连续爆炸，爆炸压力将随着离开爆源的距离的增加而跳跃式地增大。只要巷道中有煤尘，爆炸就不会停止，这种跳跃式增大而会持续发生，直到无煤尘，从而煤尘爆炸停止。而且在巷道断面突变处和转弯处，爆炸压力还会有所增大。有数据表明，爆炸压力可达 0.5~1.0mPa（煤尘爆炸平硐实验距爆源 200m 处测得）。煤尘爆炸后，产生的火焰和冲击波，会形成正向冲击波和反向冲击波。这两种冲击波，是导致煤尘连续爆炸发生的主要因素，也是产生危害的主要因素之一。

（2）挥发分减少和生成“黏焦”

煤尘爆炸时煤尘中的挥发分会减少，也会生成特有的产物——“黏焦”。这是因为，煤尘爆炸时，煤尘中挥发分总量的 40%~70% 参与了氧化反应。实践中，往往根据这一数据来判定煤尘是否参与了爆炸。另外，煤尘爆炸时一部分煤尘被焦化黏结在一起，在巷道壁上和支架上，形成了煤尘爆炸的特有产物——“黏焦”。这种特有产物是断定煤尘是否参与爆炸的重点标志。但是，值得说明的是，并不是所有的煤尘爆炸后都会产生“黏焦”，一般认为，只有气煤、肥煤、焦煤等黏结性煤的煤尘发生爆炸时才能产生“黏焦”。

“黏焦”的特性如下：

①煤尘弱爆炸时，由于冲击波速度较慢，压力较小，因此，“黏焦”在支柱两侧都有生成的条件，“黏焦”附在支柱两侧，迎风侧较密（迎冲击波侧），背风侧较疏（背冲击波侧）。

②煤尘中等爆炸时，由于冲击波较快，冲击波压力较大，故支柱的背风侧不易生成“黏焦”，因此，“黏焦”附在支柱的迎风侧。

③煤尘强爆炸时，由于冲击波速度特快、压力特大，因此，支柱的迎风侧反而不能黏附“黏焦”，背风侧由于负压区作用会生成“黏焦”，所以，“黏焦”附在支柱的背风侧，支柱的迎风侧往往有火烧的痕迹。

（3）煤尘爆炸的感应期

煤尘爆炸和瓦斯爆炸一样，有一定的感应期，即煤尘开始受热分解到产生大量可燃性气体，再到发生煤尘爆炸所需的时间。这一时期的长短，主要取决于煤尘中挥发分含量的高低。一般来讲，煤尘中挥发分含量越高，煤尘爆炸的感应期越短，煤尘中挥发分含量越低，煤尘爆炸的感应期越长。根据大量现场试验，煤尘爆炸的感应期一般在 40~280ms 之间。

（4）煤尘爆炸后的产物

煤尘爆炸后的产物以大量的有害有毒气体为主，主要有 CO、CO_2、CH_4、H_2 等。井下发生煤尘爆炸后，井下空气中 CO 气体的浓度可达 2%~3%，氧气不足时，CO 气体的浓度甚至可达 8% 或更多，在氧气充足时则生成大量 CO_2。这两种气体在事故中易造成大量的员工 CO 中毒和 CO_2 窒息，空气中高浓度的 CO 或 CO_2 是造成大量人员伤亡的主要因素。

（5）煤尘爆炸有连续性

煤尘爆炸还有连续爆炸的特性。这是因为，煤尘爆炸发生后伴生两种冲击：其一，在高温作用下，空气向外扩散，形成正向冲击波，即正向冲击。其二，爆炸发生的空气受热膨胀，密度减小，瞬时形成负压区。在气压差的作用下，空气向爆源地逆流，形成反向冲击波，俗称“返回风”，即反向冲击。若该区仍存在可以爆炸的煤尘和热源，或者“返回风”带来的煤尘，遇到爆源地的热源，就会因空气的补给而发生再一次的爆炸。如此反复直到爆完煤尘为止。

这是“返回风”引起的连续爆炸。而正向冲击及冲击波因其速度快，先行将巷道中的落尘扬起，使巷道中的浮尘浓度迅速达到爆炸范围，紧随其后的火焰到达时正好点燃煤尘，引起煤尘爆炸。如此不断反复扩大，形成连续爆炸。连续爆炸发生的过程中，往往再次爆炸前的初压大于大气压，所以，爆炸后会产生更大的压力，这样，破坏力会不断加大，从而形成的爆炸范围不断增大，同时破坏力不断增大的可怕局面。所以，有煤尘爆炸危险性的矿井，必须采取防止煤尘爆炸传播的措施。一般基本防煤尘爆炸传播的措施有撒布岩粉，设置隔爆装置（如水棚、岩水棚）等。

二、煤尘爆炸的条件及影响

1. 煤尘爆炸的必要条件

煤尘爆炸必须同时具备三个条件：煤尘本身具有爆炸性；煤尘必须悬浮在空气中并达到一定浓度；有能引燃煤尘爆炸的高温热源存在。

（1）煤尘的爆炸性

悬浮在空气中的煤尘在一定浓度范围内，如果有充足的氧气（>17%），遇到明火便会发生燃烧或爆炸，我们称其为煤尘的爆炸性。不同的煤种形成不同种类的煤尘，同一种类的煤尘在不同条件下性质也不同，并不是所有的煤尘都具有爆炸性。煤尘有无爆炸性，必须经过由国家相关部门授权的单位进行鉴定。《煤矿安全规程》规定，新矿井的地质精查报告中，必须有所有煤层的煤尘爆炸性鉴定资料。生产矿井每延深一个新水平，应进行 1 次煤尘爆炸性试验工作，以便对煤尘爆炸的性能准确定性。

（2）悬浮煤尘的浓度

煤矿井下空气中，只有悬浮的煤尘浓度在爆炸范围内时，才可能发生煤尘爆炸事故。单位体积空气中，能够发生煤尘爆炸的最低煤尘浓度和最高煤尘浓度，称为煤尘爆炸的下限浓度和上限浓度。低于下限浓度或高于上限浓度的煤尘都不会发生爆炸。煤尘爆炸的浓度范围与煤的成分、粒度，引火源的种类、温度，空气中的成分等条件有关。一般认为，煤尘爆炸的下限浓度为 30~50 g/m^3，上限浓度为 1000~2 000 g/m^3。一般情况下，煤矿井下煤尘的悬浮浓度是达不到煤尘爆炸下限的。即使是干式打眼时，煤尘浓度为 500mg/m^3 左右，也不会引起爆炸。爆破落煤时，采煤工作面的煤尘悬浮浓度为 400~600mg/m^3，机械落煤时，煤尘悬浮浓度最高达到 8 888mg/m^3。所以，在实际工作中，防煤尘爆炸，主要是防落尘重新飞扬（冲击波冲击）。所以，落尘的危害性是不容忽视的，在生产实际中，必须严格防控落尘，严格按《煤矿安全规程》的要求，制定防落尘的措施。

（3）引燃煤尘爆炸的高温热源

煤尘的引燃温度变化范围较大，根据不同的实验条件测试出最低为 610℃。矿井中可以引燃煤尘爆炸的热源有爆破时出现的火焰、电气设备的电火花、电缆和架线上的电弧、各种机械工作时出现的强摩擦和冲击火花、安全灯火焰、井下火灾和明火、瓦斯爆炸等。

2. 煤尘爆炸的影响因素

煤尘成分复杂，影响其爆炸的因素很多，一般认为有如下几个因素。

（1）煤的挥发分

煤的挥发分对煤尘爆炸的发生发展有着十分重要的作用。理论和实践都证明，挥发分含量越高的煤，其煤尘越易爆炸。挥发分含量的高低取决于煤的种类。贫煤、焦煤、肥煤、气煤、长焰煤、褐煤，它们的挥发分含量是依次增高的。试验证明它们的煤尘爆炸危险性也是依次增强的。无烟煤在各种煤种中挥发分含量最低，其煤尘基本上无爆炸危险。过去认为，挥发分含量小于 10% 时，煤尘即无爆炸危险性。但必须指出，由于煤的成分很复杂，同类煤的挥发分的成分含量是不一样的，因此，挥发分含量不能作为确定煤尘有无爆炸危险性的唯一依据。实际中，发现少数挥发分小于 10% 的煤，其煤尘仍有爆炸危险性。因此，根据有关规定，必须由有资质的单位，通过煤尘爆炸性试验来确定该煤层的煤尘有无煤尘爆炸危险性。

（2）煤尘的粒度

粒度在 0.75mm 以下的煤尘都参与煤尘爆炸，而粒度小于 75μm 的煤尘爆炸危险性更大。总之，粒度越大，煤尘的爆炸性越弱，粒度越小，煤尘爆炸性越强。特别是粒度低于 75μm 时，这种性质表现更为明显。

（3）煤尘浓度

煤尘的浓度是决定煤尘能否爆炸的一个重要因素。煤尘浓度过高或过低时，煤尘是不可能发生爆炸的，只有在合适的范围内才能发生煤尘爆炸事故。一般认为，煤尘浓度为 300~400g/m^2 时，爆炸强度最高。煤尘浓度在 30~40 g/m^2 或 40~2 000 g/m^2 之间，皆可能发生爆炸。

（4）矿井瓦斯

矿井瓦斯的存在，在一定程度上降低了煤尘爆炸的浓度下限。一般认为，挥发分较高的煤尘在无瓦斯时可以单独爆炸，中等挥发分含量的煤尘则单独不易爆炸。矿井瓦斯对挥发分含量不同的煤尘，其影响程度也不同。挥发分含量越高，则煤尘爆炸的浓度下限和矿井瓦斯的浓度下限越低。反之，则会要求矿井中瓦斯达到一定浓度。

（5）水分

煤尘中的水分能吸收大量的热能，使得温度不能迅速升高，从而使链反应缓慢，甚至中断链反应，还可以增加煤尘的黏结性，促使煤尘聚集，使煤尘粒度增大，从而使部分浮尘转为落尘，因此，降低了空气中悬浮的煤尘浓度，同时还可以降低落尘的飞扬能力，使其不易转化为浮尘。所以，总体来讲水分能降低煤尘爆炸的危险性。

（6）灰分

煤尘中的灰分是不可燃物质。它能吸收热能，阻挡热辐射，并破坏链反应。空气中大量悬浮灰分尘粒，还可以相对降低煤尘在空气中的浓度，使煤尘在空气中的悬浮浓度不能达到煤尘爆炸的浓度要求，从而降低煤尘爆炸的危险性。

（7）空气中氧的含量

空气中氧的含量高时，点燃煤尘的温度可以降低；氧的含量低时，点燃煤尘困难；当氧含量低于 17% 时，煤尘就不再爆炸。煤尘的爆炸压力也随空气中含氧的多少而不同。含氧高，爆炸压力高；含氧低，爆炸压力低。

三、煤尘爆炸性的鉴定

煤尘的爆炸性由国家有关部门授权的单位进行鉴定，鉴定结果必须报煤矿安全监察机构备案。煤矿企业应根据鉴定结果采取相应的安全措施。

煤尘爆炸性的鉴定方法有两种：一种是在大型煤矿爆炸试验巷道中进行，这种方法比较准确可靠，但工作繁重复杂，所以一般作为标准鉴定用；另一种是在实验室内使用大管状煤尘爆炸性鉴定仪进行，方法简便，目前多采用这种方法。

大管状煤尘爆炸性鉴定仪，它的主要部件有：内径为 75~80mm 的燃烧管，其为长 1400mm 的硬质玻璃管，一端经弯管与排尘箱连接，在另一端距入口 400mm 处径向对开的两个小孔装入铂丝加热器，加热器为长 110mm 的中空细瓷管（内径 1.5mm、外径 3.6mm），管外缠有直径 0.3mm 的铂丝，铂丝两端由燃烧管的小孔引出，接在变压器上，铂铑热电偶，它的两端接铜导线构成冷接点置于冷瓶中，然后连接高温计以测量火源温度，铜制试料管，其长 100mm、内径 9.5mm，通过导管与电磁气筒连接，排气管内装有滤尘板，并与小风机连接。试验的程序是：将经粉碎后全部通过 75 μm 筛孔的煤样在 105℃温度时烘干 2h，称量 1 g 尘样放在试料管内，接通加热器电源，调节可变电阻只将加热器的温度升至（1 100 ± 5）℃，打开打气筒的电路开关，活塞动作使煤尘试样呈雾状喷入燃烧管，此时，操作人员观察燃烧管中煤尘的燃烧或爆炸状态，最后，开动小风机进行排烟。

煤尘在燃烧管内遇到加热器时可能出现以下现象：加热器上只出现稀少的火星或根本没有火星，这是微弱燃烧或不燃烧的表现，表明该煤尘无爆炸的危险；火焰在燃烧管内加热器两侧以连续或不连续的形式缓慢地蔓延，这是爆炸性微弱的表现，表明该煤尘属于有爆炸危险的煤尘。

值得注意的是，在煤尘爆炸性试验中必须遵循如下规则：

1. 同一试样应重复进行 5 次试验，其中只要有一次出现燃烧火焰，就断定该煤尘为有爆炸危险的煤尘。

2. 在 5 次试验中全部都没有出现火焰或只要稀少火星，必须重做 5 次，一共 10 次全部没有燃烧火焰或只有稀少火星，才可断定该煤尘为无爆炸危险的煤尘。

3. 重做时，只要有一次发现火星多或有燃烧火焰，仍认为该煤尘为有爆炸危险的煤尘。对有爆炸危险的煤尘，还可以进行预防煤尘爆炸所需岩粉量的测定。具体做法是，不断地将岩粉按不同比例与煤粉均匀混合，制成不同的混合试样，用上述方法分别测定其爆炸性，直到混合粉由出现火焰到刚转入不出现火焰，此时的岩粉比例即为最低岩粉用量的百分比。

四、煤尘爆炸事故的原因

1. 煤尘产生量剧增

随着矿井开采强度的不断加大，煤矿井下的采煤、掘进、运输等各项生产过程中煤尘生产量也急剧增加。

2. 煤尘治理工作基础较差

大多数煤矿井下作业场所的煤尘浓度未达到国家规定的标准。究其原因，主要是未采取防尘措施或措施不力，使浮游煤尘达到了爆炸浓度，具备了爆炸条件。有的采煤工作面未进行煤层注水，采煤机未采用内、外喷雾装置，在运输机道各转载处也不安放喷雾装置，爆破落煤或掘进时未使用水炮泥，防尘洒水设施不健全。

3. 沉积煤尘是参与爆炸的最大隐患

浮游煤尘是煤尘爆炸的直接因素，而沉积煤尘是局部煤尘爆炸引起采区内连续爆炸的最大隐患。同时，因为堆积煤尘不清除出井，结果被冲击波吹起后参与、引起连续爆炸，使煤尘爆炸威力增加。

4. 通风系统不合理

通风系统不合理，尤其是串联通风抗灾能力差，有的又无隔煤岩粉棚或水棚，致使煤尘爆炸波及范围广，破坏严重。

5. 有引燃热源存在

井下出现引燃热源，给煤尘爆炸提供了条件，尤其是爆破产生火焰和电气火花。

6. 缺乏个人防护装备或不随身携带

职工缺乏个人防护装备，有的没有配备自救器，有的配备了不随身携带。直接受煤尘爆炸冲击波伤害的人员可能来不及使用自救器，但距爆炸源较远而受波及的人员是完全可以使用自救器走出险区的。

7. 由于没有编制矿井灾害预防措施和处理计划，以及对职工进行安全知识、互救自救知识教育不够，以致在处理事故时失误。有的未根据具体情况，加强通风或早些时间恢复通风，有的把正常的事故区域内供风的局部通风机停止运转，不利于大量有害气体的排出，在一定程度上也扩大了事故，加重了人员伤亡。

五、防止煤尘爆炸的技术措施

预防煤尘爆炸的技术措施很多，单一的防尘措施往往起不到明显的作用，得不到好的防尘效果。实践中应该各种措施共同实践，只有采取综合防尘措施，才会取得较好的防煤尘爆炸的效果。

预防煤尘爆炸的技术措施主要包括减、降尘措施，防止煤尘引燃措施及限制煤尘爆炸范围扩大等三个方面。

1. 减、降尘措施

减、降尘措施是指在煤矿井下生产过程中，通过减少煤尘产生量或降低空气中悬浮煤尘含量以达到从根本上杜绝煤尘爆炸的可能性。

（1）煤层注水实质

煤层注水的减尘作用主要有以下三个方面：

1）煤体内的裂隙中存在着原生煤尘，水进入后，可将原生煤尘湿润并黏结，使其在破碎时失去飞扬能力，从而有效地消除这一尘源。

2）水进入煤体内部，并使之均匀湿润。当煤体在开采中受到破碎时，绝大多数破碎面均有水存在，从而消除了细粒煤尘的飞扬，预防了浮尘的产生。

3）水进入煤体后使其塑性增强，脆性减弱，改变了煤的物理力学性质，当煤体因开采而破碎时，脆性破碎变为塑性变形，因而减少了煤尘的产生量。

（2）影响煤层注水效果的因素

1）煤的裂隙和孔隙的发育程度

煤体的裂隙越发育则越易注水，可采用低压注水（抚顺煤研所建议，低压小于 2 943kPa，中压为 2943~9810kPa，高压大于 9810kPa），而裂隙不发育则需采用高压注水才能取得预期效果，但是当出现一些较大的裂隙（如断层、破裂面等）时，注水易散失于远处或煤体之外，对预湿煤体不利。

2）上覆岩层压力及支承压力

地压的集中程度与煤层的埋藏深度有关，煤层埋藏越深则地层压力越大，而裂隙和孔隙变得更小，导致透水性能降低，因而随着矿井开采深度的增加，要取得良好的煤体湿润效果，需要提高注水压力。

3）液体性质的影响

煤是极性小的物质，水是极性大的物质，二者之间极性差越小，越易湿润。为了降低水的表面张力，减小水的极性，提高对煤的湿润效果，可以在水中添加表面活性剂。阳泉一矿在注水时加入 0.5% 浓度的洗衣粉，注水速度比原来提高 24%。

4）煤层内的瓦斯压力

煤层内的瓦斯压力是注水的附加阻力。水压克服瓦斯压力后才是注水的有效压力，所以在瓦斯压力大的煤层中注水时，往往要提高注水压力，以保证湿润效果。

5）注水参数的影响

煤层注水参数是指注水压力、注水速度、注水量和注水时间。注水量或煤的水分增量是煤层注水效果的标志，也是决定煤层注水除尘率高低的重要因素。

（3）煤层注水方式

注水方式是指钻孔的位置、长度和方向，按国内外注水状况，有以下 4 种方式：

1）短孔注水，是在采煤工作面垂直于煤壁或与煤壁斜交打钻孔注水，注水孔长度一般为 2~3.5m。

2）深孔注水，是在采煤工作面垂直于煤壁打钻孔注水，孔长一般为 5~25m。

3）长孔注水，是从采煤工作面的运输巷或回风巷，沿煤层倾斜方向平行于工作面打上向孔或下向孔注水，孔长 30~100m；当工作面长度超过 120m 而单向孔达不到设计深度或煤层倾角有变化时，可采用上向、下向钻孔联合布置钻孔注水。

4）巷道钻孔注水，即由上邻近煤层的巷道向下煤层打钻注水或由底板巷道向煤层打钻注水，巷道钻孔注水采用小流量、长时间的注水方法，湿润效果良好，但打岩石钻孔不经济，而且受条件限制，所以极少采用。

（4）注水系统

注水系统分为静压注水系统和动压注水系统。

利用管网将地面或上水平的水通过自然静压差导入钻孔的注水叫静压注水。静压注水采用橡胶管将每个钻孔中的注水管与供水干管连接起来，其间安装有水表和截止阀，干管上安装压力表，然后通过供水管路与地表或上水平水源相连。

利用水泵或风包加压将水压入钻孔的注水叫动压注水。水泵可以设在地面集中加压，也可直接设在注水地点进行加压。

（5）注水设备

煤层注水所使用的设备主要包括钻机、水泵、封孔器、分流器及水表等。

（6）注水参数

1）注水压力

注水压力的高低取决于煤层透水性的强弱和钻孔的注水速度。通常，透水性强的煤层采用低压（小于 3MPa）注水，透水性较弱的煤层采用中压（3~10MPa）注水，必要时可采用高压注水（大于 10MPa）。适宜的注水压力是：通过调节注水流量使其不超过地层压力而高于煤层的瓦斯压力。

2）注水速度（注水流量）

注水速度是指单位时间内的注水量。为了便于对各钻孔注水流量进行比较，通常以单位时间内每米钻孔的注水量来表示。

一般来说，小流量注水对煤层湿润效果最好，只要时间允许，就应采用小流量注水。静压注水速度一般为 0.001~0.027m^3/(h · m)，动压注水速度为 0.002~0.24m^3/(h · m)。若静压注水速度太低，可在注水前进行孔内爆破，提高钻孔的透水能力，然后再进行注水。

3）注水量

注水量是影响煤体湿润程度和降尘效果的主要因素。它与工作面尺寸、煤厚、钻孔间距、煤的孔隙率和含水率等多种因素有关。确定注水量首先要确定吨煤注水量，各矿应根据煤层的具体特征综合考察。一般来说，中厚煤层的注水量为 0.015~0.03m^3/t；厚煤层为 0.025~0.04m^3/t。

4）注水时间

每个钻孔的注水时间与钻孔注水量成正比，与注水速度成反比。在实际注水中，常把在预定的湿润范围内的煤壁出现均匀“出汗”（渗出水珠）的现象，作为判断煤体是否全面湿润的辅助方法。“出汗”后或再过一段时间便可结束注水。通常静压注水时间长，动压注水时间短。

2. 防止煤尘引燃的措施

防止煤尘引燃的措施与防止瓦斯引燃的措施大致相同。特别要注意的是，瓦斯爆炸往往会引起煤尘爆炸。此外，煤尘在特别干燥的条件下可产生静电，放电时产生的火花也能自身引爆。

3. 限制煤尘爆炸范围扩大的措施

防止煤尘爆炸危害，除采取防尘措施外，还应采取降低爆炸威力、限制爆炸范围扩大的措施。

（1）清除落尘

正常情况下，井下空气中的含尘量是不可能导致发生煤尘爆炸的。而且，空气中的浮尘含量，距煤尘爆炸的下限浓度还有一定的差距。但是，大量的落尘沉积在井下巷道的四壁，一旦遇到气浪冲击，落尘迅速浮起转化为浮尘，这是导致煤尘爆炸的主要原因之一。一般认为井下巷道四壁的煤尘沉积超过 0.05mm 时，强气流冲击可致井下巷道中煤尘浓度达到爆炸下限。因此，《煤矿安全规程》规定，必须及时清除巷道中的浮煤，清扫或冲洗沉积煤尘，定期撒布岩粉，定期对主要大巷刷浆。

1）清扫积尘

定期清扫巷道四壁积尘是预防煤尘爆炸的有效措施之一。严禁井下巷道积尘超标，严格执行《煤矿安全规程》中的要求，执行煤矿的具体规定，确保井下巷道四壁无超标积尘。《煤矿安全规程》规定，必须及时清扫或冲洗沉积煤尘，严禁积尘厚度超过 0.05mm。

2）冲洗积尘

用水冲洗积尘比清扫效果更好。它不但能清除积尘，还可以增加井下空气湿度，使部分浮尘转化为落尘，是一种较为理想的除尘措施。所以，煤尘沉积较为严重的巷道，可采取水冲洗的方法。沉积强度大的地点，应每班或每天冲洗一次，沉积强度小的地点，可以几天或一周冲洗一次；运输大巷及其他落尘较少的地方，可半月或一月冲洗一次。总之，按煤尘沉积强度和煤尘爆炸下限浓度来决定冲洗的频率。

3）刷浆

在井下巷道四壁刷浆是一种清除积尘的主要措施。不论清扫积尘还是冲洗积尘都无法将巷道四壁一些较深的裂缝中的煤尘清除干净。刷浆可以减少甚至消失裂缝，减少井巷四壁沉积煤尘的平台，使煤尘无藏身之所。刷浆能及时直观地发现巷道中煤尘沉积的情况，为清扫积尘、冲洗积尘创造良好的条件，非常有利于清除积尘工作，所以应在井下广泛推广使用。一般情况下，清扫和冲洗煤尘后可进行刷浆工作，用石灰石和水按 1 ：（1.3~1.4）的体积比混合搅拌、均匀制浆，然后人工或机械刷浆于巷道四壁，一般应每半年刷浆一次。

（2）撒布岩粉

撒布岩粉是指定期在井下某些巷道中撒布惰性岩粉，增加沉积煤尘的灰分，抑制煤尘爆炸的传播。

惰性岩粉一般为石灰岩粉和泥岩粉。对惰性岩粉的要求是：

1）可燃物含量不超过 5%，游离 SiO_2 含量不超过 5%。

2）不含有害有毒物质，吸湿性差。

3）粒度应全部通过 50 号筛孔，且其中至少有 70% 能通过 200 号筛孔。

撒布岩粉时要求把巷道的顶、帮、底及背板后侧暴露处都用岩粉覆盖，岩粉的最低撒布量在进行煤尘爆炸鉴定的同时确定，但煤尘和岩粉的混合煤尘，不燃物含量不得低于 80%，撒布岩粉的巷道长度不小于 300m，如果巷道长度小于 300m 时，全部巷道都应撒布岩粉。对巷道中的煤尘和岩粉的混合粉尘，每 3 个月至少应化验一次，如果可燃物含量超过规定含量，应重新撒布。

撒布地点有：采掘工作面的运输巷和回风巷；煤尘经常聚集的地方；有煤尘爆炸危险和无煤尘爆炸危险同时开采时连接两类煤层的巷道，并且撒布距离小于 300m。

（3）设置水棚

水棚包括水槽棚和水袋棚两种，设置应符合以下基本要求：

1）主要隔爆棚应采用水槽棚，水袋棚只能作为辅助隔爆棚。

2）应设置在巷道的直线部分，且主要水棚的用水量不小于 400 L/m^2，辅助水棚不小于 200 L/m^2。

3）相邻水棚中心距为 0.5~1.0m，主要水棚总长度不小于 30m，辅助水棚不小于 20m。

4）首列水棚距工作面的距离，必须保持 60~200m。

5）水槽或水袋距顶板、两帮距离不小于 0.1m，其底部距轨面不小于 1.8m。

6）水内如混入煤尘量超过 5%，应立即换水。

（4）设置岩粉棚

岩粉棚分轻型和重型两类。它是由安装在巷道中靠近顶板处的若干块岩粉台板组成的。台板的间距稍大于板宽，每块台板上放置一定数量的惰性岩粉，当发生煤尘爆炸事故时，火焰前的冲击波将台板震倒，岩粉即弥漫于巷道中，火焰到达时，岩粉从燃烧的煤尘中吸收热量，使火焰传播速度迅速下降，直至熄灭。

岩粉棚的设置应遵守以下规定：

1）按巷道断面积计算，主要岩粉棚的岩粉量不得少于 400kg/m^2，辅助岩粉棚不得少于 200 kg/m^2。

2）轻型岩粉棚的排间距 1.0~2.0m，重型为 1.2~3.0m。

3）岩粉棚的平台与侧帮立柱的空隙不小于 50mm，岩粉表面与顶梁（顶板）的空隙不小于 100mm，岩粉板距轨面不小于 1.8m。

4）岩粉棚距可能发生煤尘爆炸的地点不得小于 60m，也不得大于 300m。

5）岩粉板与台板及支撑板之间，严禁用钉固定，以利于煤尘爆炸时岩粉板有效翻落。

6）岩粉棚上的岩粉每月至少检查和分析一次，当岩粉受潮变硬或可燃物含量超过 20% 时，应立即更换，岩粉量减少时应立即补充。

（5）设置自动隔爆棚

自动隔爆棚利用各种传感器，将瞬间测量的煤尘爆炸时的各种物理参量迅速转换成电信号，指令机构的演算器根据这些信号准确计算出火焰传播速度后选择恰当时机发出动作信号，让抑制装置强制喷撒固体或液体等消火剂，从而可靠地扑灭爆炸火焰，阻止煤尘爆炸蔓延。

第四节　综合防尘

矿山综合防尘是指采用各种技术手段减少矿山粉尘的产生量、降低空气中的粉尘浓度，以防止粉尘对人体、矿山等产生危害的措施。

大体上将综合防尘技术措施分为通风除尘、湿式作业、密闭抽尘、净化风流、个体防护及一些特殊的除降尘措施。

一、通风除尘

通风除尘是指通过风流的流动将井下作业点的悬浮矿尘带出，降低作业场所的矿尘浓度。

决定通风除尘效果的主要因素是风速及矿尘密度、粒度、形状、湿润程度等。风速过低，粗粒矿尘将与空气分离下沉，不易排出；风速过高，能将落尘扬起，增大矿内空气中的粉尘浓度。因此，通风除尘效果是随风速的增加而逐渐增加的，达到最佳效果后，如果再增大风速，效果又开始下降。排除井巷中的浮尘要有一定的风速。我们把能使呼吸性粉尘保持悬浮并随风流运动而排出的最低风速称为最低排尘风速。同时，我们把能最大限度排除浮尘又不致使落尘二次飞扬的风速称为最优排尘风速。一般来说，掘进工作面的最优风速为 0.4~0.7m/s，机械化采煤工作面为 1.5~2.5m/s。

《规程》规定的采掘工作面最高容许风速为 4m/s，不仅考虑了工作面供风量的要求，同时也充分考虑到煤、岩尘的二次飞扬问题。

二、湿式作业

湿式作业是利用水或其他液体，使之与尘粒相接触而捕集粉尘的方法，它是矿井综合防尘的主要技术措施之一，具有所需设备简单、使用方便、费用较低和除尘效果较好等优点。其缺点是增加了工作场所的湿度，恶化了工作环境，能影响煤矿产品的质量。除缺水和严寒地区外，一般煤矿应用较为广泛。我国煤矿较成熟的经验是采取以湿式凿岩为主，配合喷雾洒水、水封爆破和水炮泥以及煤层注水等防尘技术措施。

1. 湿式凿岩、钻眼

该方法的实质是在凿岩和打钻过程中，将压力水通过凿岩机、钻杆送入并充满孔底，以湿润、冲洗和排出产生的矿尘。

2. 洒水及喷雾洒水

洒水降尘是用水湿润沉积于煤堆、岩堆、巷道周壁、支架等处的矿尘。当矿尘被水湿润后，尘粒间会互相附着凝集成较大的颗粒，附着性增强，矿尘就不易飞起。在炮采炮掘工作面爆破前后洒水，不仅有降尘作用，还能消除炮烟、缩短通风时间。煤矿井下洒水，可采用人工洒水或喷雾器洒水。对于生产强度高、产尘量大的设备和地点，还可设自动洒水装置。

喷雾洒水是将压力水通过喷雾器（又称喷嘴），在旋转或冲击的作用下，使水流雾化成细微的水滴喷射于空气中，它的捕尘作用有：在雾体作用范围内，高速流动的水滴与浮尘碰撞接触后，尘粒被湿润，在重力作用下下沉；高速流动的雾体将其周围的含尘空气吸引到雾体内湿润下沉；将已沉落的尘粒湿润黏结，使之不易飞扬。苏联的研究表明；在掘进机上采用低压洒水，降尘率为 43%~78%，而采用高压喷雾时达到 75%~95%；炮掘工作面采用低压洒水，降尘率为 51%，高压喷雾达 72%，且对微细粉尘的抑制效果明显。

（1）掘进机喷雾洒水

掘进机喷雾分内外两种。外喷雾是在掘进机截割臂上安装环形外喷雾架，架上设若干喷嘴，使压力水通过环形外喷雾系统形成包络截割头的水幕网，阻止粉尘扩散并使之沉降，多用于捕集空气中悬浮的矿尘。内喷雾是将压力水通过掘进机内部供水通道送到截割头上的若干喷嘴上，随截割头的旋转而随刀具向割落的煤岩处直接喷雾，在矿尘生成的瞬间将其抑制。内喷雾的供水压力不得小于 3MPa，外喷雾的供水压力不得小于 1.5MPa。较好的内外喷雾系统可使空气中的含尘量减小 85%~95%。

（2）采煤机喷雾洒水

采煤机的喷雾系统分为内喷雾和外喷雾两种。采用内喷雾时，水由安装在截割滚筒上的喷嘴直接向截齿的切割点喷射，形成“湿式截割”；采用外喷雾时，水由安装在截割部的固定箱上、摇臂上或挡煤板上的喷嘴喷出，形成水雾覆盖尘源，从而使粉尘湿润沉降。喷嘴是决定降尘效果好坏的主要部件，喷嘴的形式有锥形、伞形、扇形、束形，一般来说内喷雾多采用扇形喷嘴，外喷雾多采用扇形和伞形喷嘴，也可采用锥形喷嘴。内喷雾的供水压力不得小于 2MPa，外喷雾的供水压力不得小于 1.5MPa。

（3）综放工作面喷雾洒水

1）放煤口喷雾

放顶煤支架一般在放煤口都装备有控制放煤产尘的喷雾器，但往往由于喷嘴布置和喷雾形式不当，降尘效果不佳。为此，可改进放煤口喷雾器结构，布置为双向多喷头喷嘴，扩大降尘范围，选用新型喷嘴，改善雾化参数。有条件时，水中添加湿润剂，或在放煤口处设置半遮蔽式软质密封罩，控制煤尘扩散飞扬，提高水雾捕尘效果。

2）支架间喷雾

支架在降柱、前移和升柱过程中产生大量粉尘，同时由于通风断面小、风速大，来自采空区的矿尘量大增，因此采用喷雾降尘时，必须根据支架的架型和移架产尘的特点，合理确定喷嘴的布置方式和喷嘴型号。

3）转载点喷雾

转载点降尘的有效方法是封闭加喷雾。通常在转载点（采煤工作面输送机与平巷输送机连接处）加设半密封罩，罩内安装喷嘴，以消除飞扬的浮尘，降低进入采煤工作面的风流含尘量。为了保证密封效果，密封罩进、出煤口安装半遮式软风帘，软风帘可用风筒布制作。

4）其他地点喷雾

由于综放面放下的顶煤块度大、数量多、破碎量增大，因此，必须在破碎机的出口处进行喷雾降尘。

3. 水炮泥和水封爆破

水炮泥就是将装水的塑料袋代替一部分炮泥，填于炮眼内。爆破时水袋破裂，水在高温高压下汽化，与尘粒凝结，达到降尘的目的。采用水炮泥比单纯用土炮泥时的矿尘浓度低 20%~50%，尤其是呼吸性粉尘含量有较大的减少。除此之外，水炮泥还能降低爆破产生的有害气体，缩短通风时间，并能防止爆破引燃瓦斯。

水炮泥的塑料袋应难燃、无毒、有一定的强度。水袋封口是关键，目前使用的自动封口水袋，装满水后，和自行车内胎的气门芯一样，能将袋口自行封闭。

水封爆破是将炮眼的爆药先用一小段炮泥填好，然后再给炮眼口填一小段炮泥，两段炮泥之间的空间，插入细注水管注水，注满后抽出注水管，并将炮泥上的小孔堵塞。

三、净化风流

净化风流是使井巷中含尘的空气通过一定的设施或设备，将矿尘捕获的技术措施。目前使用较多的是水幕和湿式除尘装置。

1. 水幕净化风流

水幕是在敷设于巷道顶部或两帮的水管上间隔地安上数个喷雾器喷雾形成的。喷雾器的布置应以水幕布满巷道断面、尽可能靠近尘源为原则。

净化水幕应安设在支护完好、壁面平整、无断裂破碎的巷道段内。一般安设位置为：

（1）矿井总入风流净化水幕：距井口 20~100m 巷道内。

（2）采区入风流净化水幕：风流分叉口支流里侧 20~50m 巷道内。

（3）采煤回风流净化水幕：距工作面回风口 10~20m 回风巷内。

（4）掘进回风流净化水幕：距工作面 30~50m 巷道内。

（5）巷道中产尘源净化水幕：尘源下风侧 5~10m 巷道内。

水幕的控制方式可根据巷道条件，选用光电式、触控式或各种机械传动的控制方式。选用的原则是既经济合理又安全可靠。

2. 除尘装置

所谓除尘装置（或除尘器）是指把气流或空气中含有固体粒子分离并捕集起来的装置，又称集尘器或捕尘器。在紧靠工作面的掘进机司机座位前方，设置扁而宽的吸尘罩，将掘进机截割头切削生成的高浓度含尘空气吸入罩内由导风筒引至巷道后方的除尘器净化，净化后的空气排入巷道内。

根据是否利用水或其他液体，除尘装置可分为干式和湿式两大类。除尘装置（除尘风机）又可分为电动的和水射流的两种。电动除尘器除设有能预防引燃瓦斯的风机外，还在其前后设置喷雾净化和滤尘网膜装置，净化效果很好，全尘除尘效率达 90% 以上；水射流除尘器以压力水高速喷射形成的负压产生风量并使吸入的含尘空气经过雾状水射流的喷淋而净化。目前常用的除尘器有 SCF 系列除尘风机、KGC 系列掘进机除尘器、TC 系列掘进机除尘器、MAD 系列风流净化器及奥地利 AM-50 型掘进机除尘设备、德国 SRM-330 掘进除尘设备等。

在压入式风筒出风处，采用沿巷道螺旋式出风的附壁风筒，利用其附壁效应使压入风流在工作面附近形成一道气幕，阻止工作面含尘气流向外扩散，以提高收尘效果，国外主要产煤国，在机掘面已广泛使用这种技术，取得了显著的降尘效果。

煤矿用湿式振弦除尘风机由煤矿用专业抽出式局部通风机与湿式振弦捕尘器（又名湿式纤维栅除尘器）组成。配装的风机可选用轴流式、离心式、混流式系列专业型抽出式局部通风机。除尘风机采用原理独特的“湿式振弦”除尘技术，具有除尘效率高、阻力小、能耗低、体积小、重量轻、耗水少、维护简单、不堵塞、连续排污等优点。

涡流控尘与湿式旋流除尘器配套使用，主要适用于煤矿井下高瓦斯、高粉尘浓度及具有爆炸危险性的机掘工作面除尘。该装置包括伸缩进风筒、导杆、连接件、电动机段、涡流发生器、涡流风筒、出风筒。涡流发生器由挡风板、电动机连接件、轮毂、叶片构成。该装置的结构特点是采用了涡流发生器，作用是利用它产生的空气涡流可以改变风流行进方向形成径向出风，并沿巷道壁旋转向机掘工作面推进，在掘进机司机区域的前方形成一道空气屏幕起阻挡掘进机掘进工作时产尘向外扩散逃逸的作用，提高了机掘工作面控尘、收尘效果，有利于保障作业人员的身体健康和矿井安全生产。

袋式除尘器是一种干式滤尘装置，体积较大，适用于 $10m^2$ 以上大断面机掘工作面捕集细小、干燥、非纤维性粉尘。滤袋采用纺织的滤布或非纺织的毡制成，利用纤维织物的过滤作用对含尘气体进行过滤，当含尘气体进入袋式除尘器，颗粒大、比重大的粉尘，由于重力的作用沉降下来，落入灰斗，含有较细小粉尘的气体在通过滤料时，粉尘被阻留，使气体得到净化。

四、个体防护

个体防护是指通过佩戴各种防护面具以减少吸入人体粉尘的一项补救措施。

个体防护的用具主要有防尘口罩、防尘风罩、防尘帽、防尘呼吸器等，其目的是使佩戴者能呼吸净化后的清洁空气而不影响正常工作。

1. 防尘口罩

矿井要求所有接触粉尘作业人员必须佩戴防尘口罩，对防尘口罩的基本要求是：阻尘率高，呼吸阻力和有害空间小，佩戴舒适，不妨碍视野。普通纱布口罩阻尘率低，呼吸阻力大，潮湿后有不舒适的感觉，应避免使用。

2. 防尘安全帽（头盔）

煤科总院重庆分院研制出 AFM-1 型防尘安全帽（头盔）或称送风头盔与 LKS-7.5 型两用矿灯匹配。在该头盔间隔中，安装有微型轴流风机、主过滤器、预过滤器，面罩可自由开启，由透明有机玻璃制成。送风头盔进入工作状态时，环境含尘空气被微型风机吸入，预过滤器可截留 80%~90% 的粉尘，主过滤器可截留 99% 以上的粉尘。经主过滤器排出的清洁空气，一部分供呼吸，剩余气流带走使用者头部散发的部分热量，由出口排出。其优点是与安全帽一体化，减少佩戴口罩的憋气感。

3.AYH 系列压风呼吸器

AYH 系列压风呼吸器是一种隔绝式的新型个人和集体呼吸防扩装置。它利用的矿井压缩空气在经离心脱去油污、活性炭吸附等净化过程中，经减压阀同时向多人均衡配气供呼吸。

第四章 提升、运输安全技术

第一节 立井提升安全技术

一、立井提升安全知识

按照提升容器的不同，立井提升可以分为罐笼提升、箕斗提升和吊桶提升。

立井提升事故的主要类型如下：过卷过放：提升机控制失灵、重载下放失控、制动装置失灵引起；钢丝绳破断：钢丝绳使用中强度下降、立井提升容器受阻后松绳、多绳摩擦提升断绳引起；摩擦提升钢丝绳打滑：摩擦因数偏低、超载、制动力调节不当引起；坠落：管理与设备的综合因素引起。

二、立井提升系统使用的主要设备和装置安全技术要求

（一）提升机

1. 卷筒缠绳要求

钢丝绳在卷筒上缠绕后，会对卷筒产生缠绕应力，缠绕应力过大会造成钢绳损坏过快和筒壳变形损坏。为了使筒壳应力分布均匀，在筒壳外面装设衬木，并在上面刻有绳槽，以使钢绳排列整齐。为了限制缠绕应力和避免跳绳、咬绳，《煤矿安全规程》对钢丝绳缠绕的层数做了规定：缠绕层数在两层以上时，卷筒边缘高出最外一层钢丝绳的高度不小于钢丝绳直径的 2.5 倍；钢丝绳由下层转到上层临界段（相当于四分之一绳圈长）必须经常加以检查，每季度应将钢丝绳临界段串动四分之一绳圈的位置。

钢丝绳的绳头固定在卷筒上必须牢固，要有特备的卡绳装置，不得系在卷筒轴上；穿绳孔不得有锐利的边缘和毛刺，曲折处的弯曲不得形成锐角，以防止钢丝绳变形；卷筒上必须经常缠留三圈绳作为摩擦圈，以减轻钢丝绳与卷筒连接处的张力。

2. 提升机安全装置

提升机的安全装置主要包括制动装置、防过卷装置、深度指示器、限速装置以及紧急脚踏开关等。

（1）制动装置

制动装置是提升机的主要安全装置，它不仅应满足提升机正常运行时的工作制动要求，同时在发生意外事故时应能及时进行保险制动（也称紧急制动）。《煤矿安全规程》规定：工作制动和安全制动在工作时，其制动力矩不得小于实际提升最大静力矩的 3 倍；下放重物时安全制动的减速度不得小于 1.5m/s^2，提升重物时的减速度不得大于 5m/s^2。

制动装置的动作必须灵活可靠；各种传动杆件不变形、没有裂纹，紧固件不得松动；各销轴不松旷，不缺油，开口销齐全。闸瓦与闸轮或制动盘接触良好；闸瓦与闸轮或制动盘的间隙应符合安全规程要求。为了保证制动装置能安全可靠地工作，必须经常进行检查和维护。

（2）过卷保护装置

当提升容器被提升到井口而未停车，并越过井口位置继续向上提升而造成的事故叫作过卷事故。这类事故往往会造成很严重的后果，如将井架拉倒，或者将钢丝绳拉断而使提升容器坠落井底。当提升容器下放到井底而未减速停车，与井底承接装置或井窝发生撞击而造成的事故叫礅罐事故，实际上就是下放过卷事故。

过卷保护装置就是为了避免过卷事故，当提升容器超过正常卸载位置（或出车平台）0.5m 时，能自动断电，并能使保险闸发生制动的装置。除安装可靠的过卷保护装置外，井架还必须有一定的过卷高度，其要求如下：提升速度小于 3m/s 时，过卷高度不得小于 4m；提升速度为 3~6m/s 时，过卷高度不得小于 6m；提升速度为 6~10m/s（不包括 6m/s）时，过卷高度不小于最高提升速度下运行 1 s 的提升高度；凿井时期用吊桶提升不得小于 4m。

（3）深度指示器

深度指示器可指示出提升容器在井筒中的位置。当提升容器接近井口时能发出减速警告信号，提醒司机注意，同时在深度指示器上安装有过卷保护开关、自动减速开关及限速凸轮板等器件。当指示器失效时，能自动断电并使保险闸发生作用。目前使用的深度指示器有牌坊式和圆盘式两种。

（4）限速保护装置

限速保护装置是当提升速度超过正常最大速度的 15% 时，能使提升机自动停止运转，并实现安全制动的装置。限速保护装置有两个作用：一是防止提升机超速；二是限制提升容器到达井口时的速度，以防止过卷保护装置动作后，因速度高而使制动距离过大造成事故。为此，《煤矿安全规程》要求：当罐笼提升系统最大提升速度超过 4m/s 和箕斗提升系统最高速度超过 6m/s 时，限速保护装置能控制提升容器接近井口时的速度不超过 2m/s。

（5）紧急脚踏开关

为了在提升机的工作闸或主控制器失灵等紧急情况下，司机能够迅速地切断电源，实现紧急制动，防止事故的发生，在司机台前装设紧急脚踏开关。只要司机一踩，就能实现紧急制动，并切断电源。

提升机除了上述安全保护装置外，还有过电流、欠电压、松绳、闸瓦磨损等保护装置以及许多电气闭锁装置。

3. 提升机的安全操作

矿井提升机能否安全运行，除了有良好的性能外，其安全操作非常重要。提升机司机是矿山的特殊工种之一，要由身体健康、责任心强、受过专门技术训练并考试合格取得合格证的人员担任。提升机操作应注意的事项有：

（1）每班在提升前，应对提升设备进行认真检查、试车，了解紧急闸与工作闸是否灵敏可靠，各个部件是否正常，确认无误后，方可开车。

（2）操作过程中，必须精力集中、谨慎细心，随时注意仪表读数、深度指示器的指示位置、钢丝绳的排列、机器运转的声音等情况，发现异常，立即停车查找原因，并及时汇报和处理。

（3）提升信号不清楚、不确切，不准开车，必须查清原因再执行操作。

（4）当有紧急停车信号、提升容器接近井口尚未减速、有卡罐等意外故障、工作闸或控制器等主要部件失灵时，应使用紧急制动。

（二）提升钢丝绳

矿井提升钢丝绳是连接提升容器和提升机、传递动力的重要部件。它的可靠使用是升降人员和物料的安全保证，而钢丝绳又最容易损坏，是安全提升的最薄弱环节，因此应予以特别重视。

钢丝绳是由一定数量的钢丝捻成绳股，再由若干绳股（一般为六股）沿着一个含油的纤维绳芯捻制而成的。由于提升钢丝绳直接关系到人员生命安全，故对钢绳的选择有严格的规定。

在提升钢丝绳的使用上，一方面要合理地选择结构和规格；另一方面应正确地使用、维护与检查，以便及时掌握钢丝绳的状况，延长钢丝绳的使用寿命，确保提升安全。

1. 钢丝绳的使用与维护

（1）在钢丝绳的使用中，应满足《煤矿安全规程》规定的卷筒直径与钢丝绳直径的比值要求，以控制其弯曲疲劳应力。钢丝绳在卷筒上排列要整齐，运行时要保持平稳，不跳动、不咬绳。

（2）钢丝绳使用过程中应注意润滑。良好的润滑对延长钢丝绳的寿命影响很大，因此应定期对钢丝绳涂油。涂油前，应先清除钢丝绳上的尘土污油，然后用人工法或涂油器法（钢丝绳穿过两半合成的油桶，随着钢丝绳的移动，及时往油桶内添加热油）进行涂油。

（3）因钢丝绳绳头部分损坏较快，所以对钢丝绳应定期进行斩头。同时也要定期调头，将与卷筒连接的一端和与连接装置连接的另一端互相更换，以增加钢丝绳的使用寿命。其斩头和调头的期限，应根据各单位不同使用条件和钢丝绳损坏情况确定。

（4）井筒内应尽量减少淋水，保持干燥，以避免钢丝绳的锈蚀。

此外，要注意钢丝绳的运输和存放；提升启动、停车、加减速时要平稳操作，以减少对钢丝绳的损坏。

2. 钢丝绳的检查

（1）新钢丝绳到货后应检查是否有厂家合格证书、验收证书等资料，有无锈蚀和损伤，不符合要求的不准使用。升降人员的钢丝绳要按《煤矿安全规程》的规定进行试验。

（2）使用中的钢丝绳应每日检查一次。检查时，采用慢速运行对钢丝绳进行外观检查，同时可用手将棉纱围在钢丝绳上，如有断丝，其断丝头就会把棉纱挂住。要特别注意检查绳头端和容易磨损段，还要注意不得有漏检。钢丝绳在遭受卡罐或突然停车等猛烈拉力时，应立即停车检查。钢丝绳的检查工作要由专人负责，并做好检查记录。

（3）安全规程中规定钢丝绳在下列情况下须更换新绳。

1）升降人员或升降人员和物料的钢丝绳在一个捻距内断丝数达 5%，专门升降物料的达到 10%。

2）提升钢丝绳直径缩小达到 10% 或外层钢丝直径减少 30%。

3）钢丝绳的钢丝有变黑、锈皮、点蚀麻坑等损伤时，不得用于升降人员；钢丝绳锈蚀严重、点蚀麻坑形成沟纹、外层钢丝松动时，不论断丝数或绳径变细多少，都必须更换。

4）钢丝绳产生严重扭曲或变形。

5）遭受猛烈拉力的一段，其长度伸长 0.5% 以上。

（三）井口安全设施

为了保证提升作业的安全，防止发生人身或设备安全事故，在罐笼提升系统各井口必须装设必要的安全设施。

1. 井口安全门

在地面及各中段井口必须装设安全门，防止人员进入危险区或者其他运输设备冲入井筒，造成设备或人员的坠井事故。安全门必须开启方便、防护可靠。安全门按其操作方式可分为手动罐笼带动、气动和电动等多种形式。安全门只有在人员上下罐或进行其他提升作业时才打开，其他时间处于关闭状态。

2. 井口阻车器

阻车器安装在罐笼提升的井口车场进车侧，目的是防止矿车落入井筒。阻车器的操作方式有手动式、半自动式和自动式。手动式就是用手柄直接操纵传动系统，半自动式是：用气缸或电动液压推杆等传动，自动式是利用罐笼升降、矿车运行等方式为动力的杠杆传动系统。

3. 罐笼承接装置

罐笼承接装置是为了便于矿车出入罐笼而在各井口安设的装置，主要有承接梁、托台和摇台三种类型。承接装置应与提升机或提升信号闭锁，以免发生冲撞事故。

（1）承接梁是一种最简单的承接装置，但仅用于井底，且容易发生礅罐事故，故不宜用于升降人员。

（2）托台是一种利用其活动托爪承接罐笼的机构。平时靠平衡锤使托爪处于打开位置，操作手柄（或气动、液动）可使托爪伸出。拖台一般用于地面井口。停罐时要求罐笼先高于正常停罐位置，伸出托爪后，再将罐笼放到托爪上。当下放罐笼时，需先将罐笼上提一段，然后收回托爪，罐笼才能继续运行。使用托台能使罐笼停车位置准确，便于矿车出入。推入矿车时产生的冲击负荷可由托爪承受，免去了对钢丝绳的冲击。但停罐作业较复杂、时间长，当操作失调、托爪伸出时，会造成礅罐事故。因此，提升人员时最好不使用托台。

（3）摇台是由能绕轴转动的两个钢臂组成的机构。平时摇台臂抬起，当罐笼到达停车位置时，用其两根活动摇臂的轨尖搭在罐笼的底板上，将罐笼内轨道与车场轨道连接起来，以便矿车进出罐笼。摇台可通过手动、气动和液压等方式进行操作。使用摇台能缩短停罐作业时间，简化提升过程，并由于有活动的轨夹，一旦因意外摇台落下时，轨夹被打翻而不会影响罐笼安全运行，也不会礅罐，因此摇台应用广泛，在井底、井口以及中段车场都可以使用。

（四）提升信号设置的要求

为了统一指挥提升作业，保障人员、设施的安全和生产正常进行，井底、井口以及中段车场之间，井口和绞车房之间必须安装提升信号，如声光信号、辅助信号、电话等。设置提升信号的要求是：

1. 信号系统必须完善、可靠，信号要清晰明了、准确无误、容易识别。

2. 井底和各中段发出的信号须经井口信号工转发给提升机房，不准越过井口信号工直接向提升机房发开车信号，但可以发紧急停车信号。

3. 井口信号应与提升机的控制回路闭锁，只有信号发出后，提升机才能启动。

（五）人员提升安全

罐笼井是人员进出的主要通路。为了避免提升人员时发生事故，必须经常对入井人员进行安全教育，建立健全严格的信号管理和乘罐制度，加强对井口（中段、井底）的安全管理。信号工不仅是提升信号的操作者，也是井口安全的管理者。信号工发出信号之前，必须看清楚罐笼内和井筒附近人员的情况，关好罐笼门和井口、安全门，防止有人进入危险位置。拥罐工或专职安全员关上罐门和井口安全门后，才能发出升降信号。乘罐人员要严格遵守乘罐制度。

第二节 斜井运输安全技术

一、倾斜井巷提升运输事故类型

倾斜井巷的提升运输是整个矿井运输系统的重要组成部分，也是矿井安全生产的重要环节。斜巷的运输环节多、战线长、分布面广、环境复杂多变，易导致各种运输事故，主要有：斜巷中，车、人同行，当发生跑车事故或掉道时，挤伤、撞伤行人，严重时造成死亡事故；斜巷提升因松绳或串车起断绳跑车伤人；斜巷绞车操作工违章开闸放飞车造成人员伤亡事故；斜巷矿车掉道硬拉断绳跑车造成伤人事故；斜巷绞车运输未送警示灯造成人员伤亡事故；斜巷绞车连接装置用其他物料代替销子造成伤人事故；斜巷绞车操作工未认真检查钢丝绳，造成断绳跑车伤人事故；斜巷非绞车操作工操作绞车造成伤人事故；斜巷矿车插销没有防脱装置或防脱装置失效，造成跑车伤人事故。

二、斜井运输事故的主要原因

钢丝绳强度降低：钢丝绳断丝超过规定；绳径减少过限；钢丝绳锈蚀过限；钢丝绳出现硬弯或扭结；提升过载；刮卡车辆；拉掉道车辆。连接件断裂：连接件有疲劳隐裂或裂纹；刮卡车辆张力过大，使用不合格的代替物作为连接件。矿车底盘槽钢断裂：底盘槽钢锈蚀过限，失于管理；超期服役，遭受严重脱轨冲击形成隐患。连接销窜出脱轨：没使用防自行脱落的连接装置；轨道或矿车质量低劣，运行颠簸严重。制动装置不良：制动装置出现故障引起制动力不足。工作失误：没挂钩或没挂好钩就将矿车从平巷推下斜巷；未关闭阻车器（或阻车器缺损）就推进矿车造成跑车；推车过变坡点存绳造成坠车冲击断绳跑车；下重物，电动机未送电又没施闸造成带绳跑车（放飞车）；钢丝绳在松弛条件下，提升容器突然自由下放造成松绳冲击。

三、倾斜井巷提升运输事故的防治措施

按规定设置可靠的防跑车装置和跑车防护装置，实现“一坡三挡”，加强检查、维护、试验，健全责任制；倾斜井巷运输用钢丝绳连接装置，在每次换绳时，必须用 2 倍于其最大静荷重的拉力进行实验；对钢丝绳和连接装置必须加强管理，设专人定期检查，发现问题，及时处理；矿车要设专人检查。矿车连接钩环、插销的安全系数应符合《煤矿安全规程》规定；矿车之间的连接、矿车和钢丝绳之间的连接必须使用不能自行脱落的装置；严禁用不合格的物件代替有保险作用的插销；严禁用不合格的物件代替“三环链”；斜井串车提升，严禁蹬钩。做到“行车不行人，行人不行车”；斜井轨道和道岔质量要合格；斜井支护完好、轨道上无杂物；滚筒上钢丝绳绳头固定牢固；开展技术培训，提高技术素质；加强安全生产管理，严格执行规章制度。加强设备的技术管理，定期检查、检修、测定各环节设备，保持设备完好状态；改善斜井运输环境。

1. 完善井筒放跑车装置。对每条斜井中上下变坡点按规定安装刚性保险挡，对上部仍然为平车场的斜井，安装阻车器。井筒内每隔一定间距设防跑车装置，防跑车装置的形式根据具体安装条件择优选择，多数应为柔性防跑车装置。井筒内除每隔一定间距设防跑车装置外，每隔一定间距还应设躲避硐室。

2. 完善信号系统。为了增加上下信号可信赖程度，对提升长度大于 30m 和多阶段提升的井筒，全部改造为二次信号系统，上下信号工之间采用声光信号系统，上信号工与绞车工之间采用电铃信号系统。加强对钢丝绳、运输连接器、轨道系统的检修与管理，保持良好的工作状况。

3. 提升绞车安全性能。井下设备较多、环境不一，因此提升绞车的安全性能尤为重要。对此需采用多种形式，概括起来有以下几种。加装限速保护装置，用于防止绞车下放时，绞车司机操作不当，或无电放车，造成超速放车甚至事故；在绞车深度指示器上加装减速闭锁装置，防止绞车司机减速不及时造成过卷事故；加装光电式过卷开关。提升绞车的机械式过卷开关动作时间长，允许过卷距离短，易造成过卷事故，而光电式过卷开关能较好地避免该缺点。

4. 改造斜井上部车场。对有条件能将平车场形式的上部车场改为甩车场形式的，全部改为甩车场，客观上杜绝斜井上部平台因各种可能的原因将矿车非法导入井筒。

第三节　平巷运输安全技术

一、电机车运输安全

《煤矿安全规程》对电机车的安全运行有如下规定。

1. 必须定期检修电机车和矿车并经常检查，发现隐患，及时处理。

2. 机车的闸、灯、警铃（喇叭）、连接装置和撒砂装置，任何一项不正常或防爆部分失去防爆性能时，都不得使用该机车。

3. 列车或单独机车都必须前有照明，后有红灯。

4. 正常运行时，机车必须在列车前端。

5. 同一区段轨道上，不得行驶非机动车辆。如果需要行驶时，必须经井下运输调度站同意。

6. 列车通过的风门，必须设有当列车通过时能够发出风门两侧都能接收到声光信号的装置。

7. 巷道内应装设路标和警标。机车行近巷道口、硐室口、弯道、道岔坡度较大或噪声大的地段，以及前面有车辆或视线有障碍时，都必须减低速度，并发出警号。

8. 必须有用矿灯发送紧急停车信号的规定。非危险情况，任何人不得使用紧急停车信号。

9. 两辆机车或两辆列车在同一轨道同一方向行驶时，必须保持不少于 100m 的距离。

10. 列车的制动距离每年至少测定 1 次。运送物料时不得超过 40m；运送人员时不得超过 20m。

11. 在弯道或司机视线受阻的区段，应设置列车占线闭塞信号；在新建和改扩建的大型矿井井底车场和运输大巷，应设置信号集中闭锁系统。

12. 用人车运送人员时，应遵守下列规定：

（1）每班发车前，应检查各车的连接装置轮轴和车闸等。

（2）严禁同时运送有爆炸性的、易燃性的或腐蚀性的物品，或附挂物料车。

（3）列车行驶速度不得超过 4m/s。

（4）人员上下车地点应有照明，架空线必须安设分段开关或自动停送电开关，人员上下车时必须切断该区段架空线电源。

（5）双轨巷道乘车场必须设信号区间闭锁，人员上下车时，严禁其他车辆进入乘车场。

二、无极绳运输

无极绳运输是用摩擦绞车带动一条封闭的钢丝绳运转，矿车通过特殊的连接装置与钢丝绳挂接起来，靠运行的钢丝绳带动矿车沿轨道运行。若从装车车场处按一定的间隔不断地将矿车与钢丝绳挂接，那么在出车场处就可不断地摘钩并推出矿车。无极绳运输适用于矿井井下水平巷道或倾角不大于 20° 的上、下山运输，也可做地面运输。

无极绳运输的主要缺点是工人劳动强度大，钢丝绳磨损较严重，轨道附属设备多，上、下运输环节的衔接费工、费时等。

无极绳绞车按滚筒的形式可分为螺旋缠绕式和夹钳式两种。

无极绳运输时，要注意以下安全事项。

1. 采用无极绳运输的水平巷道，应当平直无杂物，有利于矿车通行和摘挂钩工作。

2. 在无极绳运输过程中，因为摘挂钩工作是不停车进行操作的，所以，这一环节很容易发生事故，要求摘挂钩人员必须操作熟练、精力集中、动作敏捷。

3. 无极绳运输的车场，巷道要宽敞，光线要明亮，轨道和路基要平整。

4. 两条轨道上相向行进的矿车间隙，必须符合安全要求。

5. 无论无极绳是否运行，行人都不得在轨道中间行走或跨越钢丝绳，以免钢丝绳弹起伤人。

6. 摘挂钩时不要站在轨道中间，头和身体也不要伸到两车的端头之间，以免撞伤身体。

7. 开车前，一定要先发出警告信号。摘钩、挂钩都要提前做好准备，当摘挂不了时，要立即发信号停车进行处理。

8. 定期检查钢丝绳、地滚和绞车等情况。加强日常维护修理，发现损坏的零部件要及时更换，防止在运行中造成事故。

第四节　矿井运输提升的安全检查

一、矿井运输的安全检查

（一）井下电机车运输的安全检查

在矿井平巷电机车运输中，常见的事故有行车中碰伤行人，运行中司机或蹬钩工本身被挤伤，机车电火花引起瓦斯、煤尘事故。为了预防上述事故的发生，在现场要重点检查以下六项内容。

1. 电机车运行区域的检查

（1）低瓦斯矿井进风主运输巷中使用架线电机车的巷道有无防火措施。

（2）高瓦斯进风巷使用架线电机车时，在瓦斯涌出的区域，是否装有瓦斯自动检测报警断电装置。

（3）在瓦斯矿井的主要回风道和采区进、回风道内，在煤（岩）与瓦斯突出矿井和瓦斯喷出区域中，进风的主要运输巷道内或主要回风道内，是否使用防爆特殊型电机车，是否在机车内装设瓦斯自动检测报警断电装置。

2. 防爆特殊型电机车电气设备的检查

（1）各电气设备是否安装紧固，有无松动、失爆现象。

（2）连接各电气设备之间的电缆是否完整无损、连接紧固。

（3）防爆特殊型电机车在运行中是否打开电气设备；发现电源装置有异常现象，是否断电停车，由其他机车拖回库后进行检查。

（4）熔断器是否符合要求，是否用其他不合格的材料代替。

（5）各电气设备是否超额定值运行。

3. 电机车运行的检查

（1）电机车安全设施：电机车的灯、铃（喇叭）、闸、连接器和撒砂装置是否正常，或防爆部分是否失去防爆性能；列车或单独机车是否前有照明、后有红尾灯；对闸是否灵活可靠；列车制动距离在运送物料时是否超过40m，在运送人员时是否超过20m；运行的电机车是否有司机室（棚）。

（2）电机车运行：在电机车运行时，司机是否集中精神瞭望前方；接近风门、道口、硐室出口、弯道、道岔、坡度大或噪声大等处以及司机视线被挡，或两列车会车时，是否减低速度，发出警告信号；机车在运行中，司机是否将头和身子探出车外；正常运行中，机车是否在列车前端（调车或处理事故时，不受此限）；顶车时，蹬钩工引车，减速行驶，蹬钩工是否站在前边第一个车空里；两机车或两列车在同一轨道同一方向行驶时，是否保持不小于100m的距离；列车停车后，是否压道岔，是否超过警标位置；停车后是否将控制器手把扳回零位；司机离开机车时，是否切断电源取下换向手把、扳紧车闸、关闭车灯。

（3）对杂散电流和不回流轨道连接的检查：架线式电机车使用的钢轨接缝处、各平行轨之间、道岔各部分与岔心之间是否用导线或焊接工艺连接，接电阻是否符合《煤矿安全规程》规定；两平行轨道是否每隔50m连接一根导线，导线电阻是否与50mm^{2}铜线等效；不回电的轨道是否在电机车轨道连接处加绝缘，第一绝缘点是否设在两种轨道的连接处，第二绝缘点距第一绝缘点是否大于一列车的长度；绝缘点处是否保持干净、干燥；绞车道附近两绝缘点是否能保证被绝缘点分开的钢轨不被钢丝绳或矿车所短路；牵引变电所总回流线是否与附近所有轨道相连；连接点是否紧密。

4. 平巷和倾斜井巷车辆运送人员的检查

（1）平巷车辆运送人员的检查

1）车辆运行的沿途巷道断面，巷道两侧敷设的管、线、电缆与车体最突出部分之间的安全距离，是否符合《煤矿安全规程》的规定。

2）轨道质量是否达到优良。

3）车辆是否有顶盖；新建和改扩建矿井，是否用空矿车运送人员，是否使用翻斗车、底卸式矿车、物料车和平板车运送人员。

4）运送人员的列车有无跟车人；跟车人是否经培训且考试合格发证后持证上岗；跟车人在运送人员前，是否检查人车的连接装置、保险链和防坠器；防坠器是否每天至少进行一次静止手动落闸检查。

5）运送人员时，列车行驶速度是否超过4m/s。

6）用架线式电机车牵引运送人员时，架空线质量综合评定是否优良，是否设分段开关；人员上、下车时，是否切断该区段架空线电源。

7）乘车人员是否携带易爆、易燃或腐蚀性物品上车；携带工具和零件是否露出车外；是否有扒、蹬、跳车现象；是否超负荷载人。

（2）倾斜井巷车辆运送人员的检查

1）倾斜井巷环境、斜巷断面、管线敷设是否符合《煤矿安全规程》规定；巷道两侧堆放物品与行车的安全距离是否符合规定。

2）轨道铺设是否平直、稳固、不悬空，轨型是否符合规定。水沟是否畅通，水是否渗入道床，地轮是否齐全有效。

3）是否有足够的照明和完备的声、光信号。

4）斜巷各车辆有无信号硐室和躲避硐，是否设挡车器或挡车栏。

5）过卷开关上端有无过卷距离，过卷距离是否符合规定。

6）斜井人车是否有可靠的防坠器，当发生断绳、跑车时，防坠器能否自动动作，并能手动操作停车；斜巷是否用矿车运送人员；为了保证人车安全可靠地运行，是否按有关规定对防坠器进行检查和试验。

7）斜井升降人员最大速度是否超过 5m/s。

8）斜井人车是否使用人车专用信号。

9）斜巷运输时，是否严禁蹬钩；行车时是否严禁行人；绞车道上有无悬挂“行车不许行人”的标志和信号。

10）倾斜井巷运输矿车的钢丝绳、连接装置是否设专人负责检查。安全系数及有关要求是否符合《煤矿安全规程》的规定。

11）挂钩工是否严格按操作规程作业，如开车前挂钩工是否检查牵引车数，有无多拉车；连接有无不良现象，防脱是否失效；装载物料超重、超高、超宽时，是否发出开车信号。保护装置完备的小型电绞车，安装基础是否固定；绞车是否有常用闸和保险闸；深度指示器及安设的防过卷装置制动力矩倍数是否符合《煤矿安全规程》规定。

12）斜井兼作人行道时是否设有专用人行道、躲避硐室、行车信号。

13）钢丝绳严重锈蚀、过度磨损或断丝超限时，是否及时更换。

14）矿车的插销、环链及连接件是否认真检查，有无漏检或挂钩工没挂好防脱插销或防脱失灵的现象；道床有无煤和石块造成行车颠簸的现象。

5. 窄轨铁路的检查

（1）钢轨轨型是否与行驶车辆的吨位相适应。

（2）轨道扣件是否齐全、紧固并与轨型一致；轨枕是否齐全，材质、规格是否符合标准，位置是否正常，轨枕是否用道砟填实，道床有无浮煤、杂物、淤泥及积水。

（3）接头平整度是否达到标准。

（4）轨距是否符合规定的允许偏差。

（5）除曲线段外轨加高外，两股钢轨是否水平。

（6）坡度误差，50m 内高差是否超过 50mm。

（7）道岔轨距按标准加宽后偏差是否符合规定。

（8）道岔水平偏差和接头平整度、轨面及内侧错差是否符合规定要求。

（9）道岔轨尖端是否与基本轨密贴，尖轨损伤长度、尖轨面宽、尖轨开程是否符合规定。

（10）转辙器拉杆零件是否齐全、连接牢固、动作灵活可靠。

6. 电机车牵引网路的检查

（1）电机车架空线悬挂高度

架空线的悬挂高度，自轨面算起是否小于下列规定：在行人的巷道内、车场内以及人行道同运输巷道交叉的地方为 2m，在不行人的巷道内为 1.9m；在井底车场内，从井底到乘车场为 2.2m；井下架空线两悬挂点的弛度不大于 30mm；平硐采用架线电机车运输时，在工业场地内，不同道路交叉的地方为 2.2m。

（2）架空线的分段开关

为预防人员触电，架空线是否在下列地点设分段开关：有人员上、下车的地点（人车站）；干线和主要支线分岔处；干线长度大于 500m 时。

（3）架线电机车车库和检修硐室

在人员上下车时或该区段有人作业时，是否切断该区段架空线电源；使用架线式电机车的人车车场是否装设自动停送电开关，保证人上、下车时架线无电。

（4）对架空线漏电的检查

架空线与集中带电部分距金属管线的空气绝缘间隙是否小于 300mm ；个别地段与金属管线交叉满足不了要求时，是否采取加强绝缘的措施，架空线和巷道顶或棚梁之间的距离是否大于 0.2m ；悬吊绝缘子距电机车架空线的距离，每侧是否超过 0.25m ；横吊线上的拉紧绝缘子和带绝缘的吊线器是否保持清洁。绝缘子有无裂纹或损坏；架空线对地的绝缘电阻，在分段的情况下是否符合《煤矿安全规程》规定。

（5）对杂散电流和不回流轨道连接的检查

架线式电机车使用的钢轨接缝处、各平行轨之间、道岔各部分与岔心之间是否用导线或焊接工艺连接，接电阻是否符合《煤矿安全规程》规定。

（二）矿井运输巷道断面及安全间隙的安全检查

在矿井运输提升作业中，巷道断面的大小和轨道两侧及轨道上方的安全间隙，直接影响到运输提升的安全工作。如巷道失修变形造成断面窄小，人行道宽度不够或在空间敷设管线、电缆而不符合《煤矿安全规程》规定等原因，就有可能造成运输提升中挤、撞、碰、刮的人身伤亡事故。

矿井运输巷道断面及安全间隙的检查内容主要包括：

1. 主要运输巷道的净高，自轨面起是否低于 2m ；有架线电机车运输的巷道净高是否符合《煤矿安全规程》规定。

2. 采区内的上、下山和平巷的净高是否低于 2m，煤层内是否低于 1.8m。

3. 运输巷道的一侧，自道砟面起 1.6m 高度内，是否有 0.8m 以上宽的人行道；管道是否挂在 1.8m 以上的巷道上部。

4. 如果运输巷道不符合规定，是否每隔不超过 40m 设置一个躲避硐；躲避硐是否宽不小于 1.2m，深不小于 0.7m，高不小于 1.8m。

5. 人车站人行道宽度是否不小于 1m。

6. 双轨运输巷道中，两列对开列车最突出部分之间的距离是否不小于 0.2m ；采区装载点与车场 0.2m 摘挂钩地点的距离是否不小于 0.7m。

7. 曲线段巷道的人行道和双轨中心线是否按规定要求加宽。

8. 通过车辆的风门，当机车和车辆通过时，其风门的高和宽与车体的安全间隙是否符合《煤矿安全规程》要求。

（三）井下带式输送机运输的安全检查

1. 井下一般输送带的检查

（1）带式输送机是否设置胶带打滑或低速自动停机的保护装置；综合保护器是否被投

入使用，动作是否灵敏可靠。

（2）料仓是否设置了满仓停机安全装置，是否进行了满仓停机装置试验，动作是否灵敏可靠。

（3）带式输送机是否使用合格的易熔合金保护塞，安装是否正确，是否用其他物质代替。

（4）是否使用阻燃胶带，使用非阻燃胶带时是否设有烟雾保护。

（5）胶带巷是否设有消防水管，机头、机尾和巷道每隔 50m 是否设一消防栓，有无配备水龙带和灭火器。

（6）为预防外因火源，井下带式输送机附近是否使用电焊。

（7）带式输送机头尾 10m 处是否用不燃材料支护。

（8）沿机有无启动报警，连锁是否起作用，不报警能否启动主机。

（9）检修和清扫胶带是否在停机、停电后进行。

（10）运煤胶带是否乘人，是否有人踏胶带行走或跨越、穿过胶带。

（11）道口处有无胶带桥供行人通过。

（12）沿机有无防胶带跑偏保护和胶带纵向撕裂保护，带式输送机和给料机有无闭锁电路。

（13）每台带式输送机是否有专职司机持证上岗，带式输送机开动后是否经常巡视胶带运行情况。

（14）胶带巷是否班班清理，保持整洁畅通，有无杂物、浮煤和积水，有无与其他物品相摩擦。

2. 斜井钢丝绳带式输送机运送人员的检查

（1）对巷道断面与空间的检查

在上下人员的 20m 区段内输送带至巷道顶部的垂距、行驶区段内的垂距和下行带乘人时上下输送带的垂距，是否符合《煤矿安全规程》规定。

运送人员的输送带宽度、运送速度和输送带槽至输送带边的宽度是否符合《煤矿安全规程》规定。

（2）乘坐人员及地点的检查

乘坐人员的间距是否小于 4m；乘坐人员是否站立或仰卧，是否面向行进方向，是否携带笨重物品或超长物品，是否手摸输送带侧帮。

上、下人员的地点是否设平台和照明，在平台处有无带式输送机的悬挂装置，下人地点是否有明显的下人标志和信号；在人员下机前方 2m 处，是否设有防止人员坠入煤仓的措施。

二、矿井提升的安全检查

1. 制动装置的安全检查

（1）提升绞车是否装设有司机不离开座位即能操纵的常用闸和保险闸，保险闸是否具有紧急时能自动抱闸的功能；是否在抱闸的同时提升装置自动断电。

（2）常用闸和保险闸施动力是否适中，制动力是否有过大或过小现象。

（3）摩擦轮式提升装置，常用闸或保险闸发生作用时，全部机械的减速度是否超过钢丝绳的滑动极限。

（4）在下放重载时，是否检查减速度的最低极限；在提升重载时，是否检查减速度的最高极限。

2. 保险装置的安全检查

（1）防止过卷装置的检查

防止过卷开关的安设位置，是否在超过正常停车 0.5m 处，同时要检查过卷开关上方的过卷高度是否符合《煤矿安全规程》要求。提升速度小于 3m/s 的罐笼，过卷高度是否小于 4m ；提升速度等于或超过 3m/s 的罐笼，过卷高度是否小于 6m。箕斗、吊桶提升是否小于 4m。摩擦轮式提升速度小于 10m/s 时，过卷高度是否小于 6m ；当提升速度大于 10m/s 时，过卷高度是否小于 10m。过卷开关是否设置 2 个，室内室外各 1 个，是否室内开关在过卷时首先动作。

（2）深度指示器的检查

深度指示器的位置指示与提升容器在井筒中的位置是否准确无误；深度指示器上是否装设防止过卷开关，其安装位置是否正确，过卷时能否触及过卷开关动作；深度指示器上装设的减速信号是否声、光完备；提升容器接近井口停车位置前，安装在深度指示器上的减速信号开关是否闭合，发出减速声、光信号，提醒司机注意；深度指示器上是否装设限速器；深度指示器传动系统是否起到保护作用。

（3）闸瓦过磨损保护的检查

闸瓦的间隙是否符合规定；当闸瓦磨损超过规定数值时，闸瓦过磨过保护开关动作后能否报警或自动断电。

（4）其他保险装置的检查

当提升速度超过最大速度 15% 时，防止过速装置能否自动断电；对缠绕式提升装置，是否设松绳保护并有安全回路；用箕斗提升时，是否采用定量控制；井口煤仓是否装设满仓保护，仓满时能否报警或自动断电；满仓报警是否有信号灯和信号铃，是否显示明显，是否采用满仓断电闭锁装置。

3. 立井提升的安全检查

（1）升降人员容器的检查

1）是否使用普通箕斗升降人员；必须使用普通罐笼升降人员时，是否有安全措施。

2）使用罐笼（包括有乘人间的箕斗）升降人员时，是否符合下列要求：罐顶应设置可以打开的铁盖或铁门；罐底必须满铺钢板；两侧用钢板挡严，内装扶手；进出口必须装设罐门或罐帘，高度不得小于 1.2m；罐门或罐帘下部距罐底距离不得超过 250mm；罐帘横杆间距不得大于 200mm；罐门不得向外开；罐笼高度最上层不得小于 1.9m，其他层净高不得小于 1.8m；罐笼一次能容纳的人数应明确规定，并在井口公布；超过规定人数时，井口把钩工有权制止；单绳提升的罐笼（包括带乘人间的箕斗）必须装设可靠的防坠器。

3）凿井期间，立井中升降人员采用吊桶时，是否遵守下列规定：吊桶必须沿钢丝绳罐道升降；在凿井初期尚未装设罐道时，吊桶升降距离不得超过 40m；吊桶上方必须装保护伞；吊桶边缘上部不得坐人；装有物料的吊桶不得乘人；用自动翻转式吊桶升降人员时，必须有防止吊桶翻转的安全装置；严禁用底开式吊桶升降人员；吊桶提升到地面时，人员必须从地面出入平台进出吊桶，并只准在吊桶停稳和井盖门关闭以后进出吊桶；双吊桶提升时，井盖门不得同时打开。

（2）防止井筒坠物的检查

1）罐笼提升的立井井口及各水平的井底车场内和靠近井筒处，是否设置防止人员、矿车及其他物件坠落到井下的安全门；井口安全门是否在提升信号系统内设置闭锁装置；安全门未关闭时，是否能发出开车信号。

2）在井口及罐笼内部是否设置阻车器；井口阻车器是否与罐笼停止位置相连锁；罐笼未达停止位置，能否打开阻车器；井口、井底和中间运输巷是否都设置摇台；是否在提升信号系统内设置闭锁装置；摇台未抬起时，是否能发出开车信号。

3）升降人员时，是否使用罐座。

（3）罐笼运行中防止摇摆的检查

木罐道任何一侧磨损量是否符合《煤矿安全规程》规定。钢轨罐道轨头任一侧磨损量是否超过 8mm，或轨腰磨损是否超过原有厚度的 25%；罐耳的任一侧磨损量是否超过 8mm，在同一侧罐耳和罐道的总磨损量是否超过 10mm，或罐耳和罐道的总间隙是否超过 20mm；组合钢罐道任一侧的磨损是否超过原有厚度的 50%。钢丝绳罐道和滑套的总间隙是否符合《煤矿安全规程》规定。

（4）罐顶作业防止坠入的检查

在罐笼或箕斗顶上，是否装设保险伞和栏杆；活动平台拆除后，是否被捆绑固定；罐顶乘人是否佩戴保险带；罐顶乘人检修作业时，是否有可靠的安全措施；罐顶是否有直通绞车房的信号和电话；提升速度是否符合《煤矿安全规程》规定。

（5）提升信号的检查

提升装置是否装有从井底到井口、从井口到绞车司机室的信号装置；井口信号装置是否同绞车的控制回路闭锁；是否在井口把钩工发出信号后，绞车才能启动；除常用的信号装置外，是否有备用信号装置；井底车场和井口之间、井口和绞车司机台之间，除具有上述信号装置外，是否还装设直通电话和传话筒；一套提升装置供几个水平使用时，各水平是否设有信号装置和闭锁，发出的信号是否有区别；信号电源变压器和电源指示灯是否独立设置；提升信号装置与提升绞车的控制回路是否闭锁，不发开车信号绞车是否能启动；多水平提升时，是否设置水平指示信号，各水平信号之间有无闭锁，是否允许一个水平向井口发出开、停车信号；井上、下安全门和非通过式摇台与提升信号有无闭锁；多层罐笼升降人员时，各层出入平台间的信号是否与井口信号闭锁；检修井筒时是否设置检修信号；绞车司机与井口、井底把钩工之间有无可直接联系的电话。

（6）管理及各项规章制度的检查

提升容器、连接装置、防坠器、罐耳、罐道、阻车器、罐座、摇台、装卸设备、天轮和钢丝绳以及提升绞车各部分，包括滚筒、制动装置、防过卷装置、限速器、调绳装置、传动装置、电动机和控制设备等，是否每天检查一次；发现问题后，是否立即处理；对于检查和处理结果，是否留有日志。是否定期检查制度执行情况，检查记录是否完备、无漏洞；井口和井底车场把钩人员是否持证上岗，是否执行岗位责任制。

三、人力推车及运输提升违章行为的安全检查

1. 矿井人力推车的安全检查

（1）是否一人只准推一辆车。

（2）同向推车的间距，在轨道坡度小于或等于 5% 时，是否小于 10m；坡度大于 5% 且小于 7%时，是否小于 30m；坡度大于 7% 时，是否禁止人力推车。

（3）夜间或井下，推车人是否有矿灯；当遇有照明不足区段时，是否将矿灯挂在矿车行进方向的前端。

（4）推车时是否时刻注意前方；在开始推车、停车、掉道、发现前方有人或障碍物，以及在坡度较大的地方向下推车，接近道岔、弯道、巷道口、风门、硐室出口时，是否及时发出警报。

（5）严禁放飞车。

2. 矿井运输提升违章行为的安全检查

（1）机车司机开车前是否发出开车信号，是否在机车运行中将头或身体探出车外；司机离开座位时，是否切断电动机电源，将控制手柄取下，扳紧车闸。

（2）两机车或两列车在同一轨道同一方向行驶时，保持的距离是否大于 100m。

（3）机车行进巷道口、硐室口、弯道、道岔、坡度较大或噪声大等地段，以及前面有车辆或视线有障碍时，是否减速并发出警报。

（4）是否存在用固定车厢式矿车、翻转车厢式矿车、底卸式矿车、材料车和平板车等

运送人员的违章行为。

（5）用人车运送人员时，是否存在同时运送有爆炸性、易燃性或腐蚀性的物品，附挂物料车，列车车速太快（超过 4m/s）的违章行为。

（6）乘人车时，是否关上车门或挂上防护链；是否存在人体及所携带的工具和零件露出车外，或在列车行驶中和尚未停稳的情况下，乘坐人员在车内站立或上、下车，或在机车上或车厢之间搭乘车，以及超员、扒车、跳车、坐矿车等违章行为。

（7）人力推车时是否放飞车；是否在矿车两侧推车；推车的间距是否符合《煤矿安全规程》规定。

（8）是否擅自在能自行滑动的坡道上停放车辆。

（9）斜井提升时，是否有人蹬钩行走。

（10）带式输送机运送人员时，乘坐人员间距是否达到 4m；乘坐人员是否有站、仰卧和抚摸输送带侧帮的违章行为，是否存在不卸除输送带上的物料，造成人、料混运的违章行为。

（11）立井中升降人员是否使用罐笼或带乘人员的箕斗，是否存在吊桶边缘上坐人、吊桶内人与料混运、用开底式吊桶运送人员、人员不从井口平台进出吊桶的违章行为。

（12）检修人员在罐笼或箕斗顶上工作时，是否佩戴保险带。

（13）是否存在同一层罐笼内人、料混合提升，开车信号发出后仍进出罐笼的违规行为。

（14）在斜巷内是否违反“行车不行人，行人不行车”的规定。

（15）运送超高、超宽、超重设备或易燃、易爆物品是否违反有关规定。

（16）在绞车信号系统是否乱打点。

（17）蹬钩人员作业时，是否存在不使用挂链器、拨链器或行车不停就拨链的违章行为。

（18）拉运材料是否捆绑且捆绑合格，是否按规定车型装车。

（19）顶车时，是否按规定提前给信号，先扳道岔。

（20）连接装置损坏的矿车是否甩出。

（21）是否存在在斜巷铁道上滑行，在平巷坐在铁道上休息时与机车的距离不符合规定。

（22）是否存在顶车不挂链、平斜巷挂套链，放飞车，停车不打掩。

（23）机车是否存在在超载不按规定数量牵引车辆的违章行为。

（24）机车是否存在不按警冲标停车的违章行为。

（25）是否存在绞车过卷、拉反向，机车闯信号等情况。

（26）机车灯、闸、铃、撒砂装置是否符合《煤矿安全规程》规定。

（27）特殊工种是否持证上岗及无证开车、蹬钩。

（28）在有架线的巷道里行走时，是否将钎杆、铁锹等工具扛在肩上。

（29）人车进出站打点工是否瞭望，蹬钩工在人员未上、下完时，是否随意吹哨联系开车。

（30）在人车站或车上打闹，出入井时是否走规定出、入口。

（31）在铁道干线施工是否设警戒。

（32）架线机车是否设前照明、后红灯。

（33）斜巷运输是否按规定安设，使用声光信号及“一坡三挡”安全保护装置，是否存在装置不全、不灵敏可靠的情况。

（34）是否有擅自闯进挂着“禁止通行”或有危险警告牌标的地方的情况。

（35）是否存在无风的井巷中乱跑或睡觉的违章行为。

（36）是否存在出入、升降井乘车、乘罐时，不待停稳就挤上、挤下等情况。

第五章　采煤工作面生产技术管理

采煤工作面是直接从事煤炭生产的地点，条件复杂、工序多。采煤工作面采用了先进的采煤工艺技术和装备以后，还必须运用科学的管理方法组织安排生产，才能充分发挥人力、物力，充分利用工时，保证安全、高效，获得最佳技术经济效果。采煤工作面生产技术管理是矿井生产管理中的主要组成部分，主要包括采煤工作面的生产组织管理和技术管理。

第一节　采煤工作面生产组织管理

为使采煤工作面生产各工序在空间上、时间上协调有序、互不干扰，安全顺利地进行，以保证人力、物力得到充分合理的使用，获得最佳的技术经济效果，必须对采煤工作面的生产过程进行科学、合理的组织。

一、采煤工作面循环作业

采煤工作面循环作业是指完成落煤、装煤、运煤、支护和放顶（或放顶煤）等工序并周而复始的采煤过程。

炮采、普采工作面以放顶工序作为完成循环作业的标志，综采工作面以移架工序作为完成循环作业的标志，放顶煤开采则按完成一次放顶煤工序过程作为完成循环作业的标志。

采煤工作面循环作业的主要内容包括循环方式、循环进度、正规循环作业等。

（一）循环方式

循环方式是指采煤工作面的昼夜循环次数。昼夜循环次数是指在一昼夜 24h 内完成的循环数目。如一昼夜 24h 完成一个循环称为单循环，完成两个循环称为双循环，完成三个以上循环称为多循环。

昼夜完成循环次数主要取决于完成循环时间的长短，即：

昼夜完成循环次数 =24h/ 循环时间

循环时间即循环周期，它是完成循环工作所必需的最短延续时间，即循环内不能平行作业的各工序时间之和。

循环时间取决于循环工作内容、循环工作量和循环作业的组织方法。为保证循环作业能正常进行，循环时间应不超过一昼夜，准备和采煤作业时间最好以整个班为单位，这样有利于各班工种的配备，使出勤人数与工作量相适应。

循环方式主要根据采煤工作面的顶板条件、采煤工艺方式、操作管理水平、工作面的基本参数和作业方式合理确定。目前，安全高产高效采煤工作面都采用多循环作业方式，有的采煤工作面昼夜循环次数达 20~30 次。

（二）循环进度

循环进度是指采煤工作面每完成一个循环向前推进的距离。循环进度是落煤进度和循环落煤次数的乘积。

1. 落煤进度

工作面每落煤一次，煤壁向前推进的距离称落煤进度。每循环最后一道工序是采空区处理，判断是否完成了循环应以采空区处理工序为准，工作面不管落煤几次，只要完成采空区处理工序，就算完成一个循环。所以，循环进度和落煤进度是两个不同的概念。有的工作面落一次煤即放一次顶，这时循环进度就等于落煤进度。当落煤进度慢，需要落煤数次放一次顶时，则循环进度等于落煤进度乘以循环落煤次数。

炮采工作面的落煤进度，是根据工作面顶板的稳定状况和所选顶梁的长度确定的，一般取值为 0.8~1.0m。综采、普采工作面采煤机截深，是根据工作面顶板岩石性质、煤层特征、采煤机械设备性能以及支架结构、参数和工作面生产工序等特点确定，一般取值为 0.5~0.8m，多数采煤工作面采煤机截深为 0.6m，大功率采煤机的截深已达 1.0m。

2. 循环落煤次数

每循环最低限度的落煤次数是根据顶板的垮落步距来确定。所谓顶板垮落步距即采空区顶板自然垮落的最小宽度。如果放顶时的宽度小于这一数值，则顶板不落或落得不好。为了使顶板在放顶后能全部及时冒落，必须要求放顶步距大于或等于垮落步距。放顶工序是完成一个循环的标志，故放顶步距实际是循环进度，即：

放顶步距 = 循环进度 = 每循环落煤次数 × 一次落煤进度

每循环落煤次数 = 垮落步距 / 一次落煤进度

通常，炮采工作面三、四排控顶时，每循环落煤一次，即一炮一循环。三、五排控顶时，每循环落煤两次，即两炮一循环。普采工作面三、四排控顶时，每循环落煤两次，即两刀一循环。三、五排控顶时，每循环落煤四次，即四刀一循环。综采工作面每循环落煤一次，即一刀一循环。

（三）正规循环作业

采煤工作面正规循环作业是按照作业规程中循环作业图表安排的工序顺序和劳动定员，在规定的时间内保质、保量、安全地完成循环作业的全部工作量，并周而复始、不间断地进行采煤工作的作业方法。

正规循环作业是工作面规范化、科学化、标准化管理的基础。采煤工作面正规循环作业常用循环图表来表示，循环图表是生产组织者和生产工人进行生产活动的依据。按照图表作业是实行正规循环作业的主要标志。因此，根据工作面地质和生产技术条件，制订出切实可行的工作面循环图表，是组织正规循环作业的前提。

在实际工作中由于管理不当或遇意外情况，正规循环作业常常会遭到破坏，为了衡量正规作业的完成情况，常采用正规循环率。采煤工作面正规循环率与煤层的地质条件、机械装备条件有关，一般情况下，采用单循环和双循环作业的采煤工作面，正规循环率不低于 80%；昼夜循环三次以上的采煤工作面，正规循环率不低于 75%。

二、采煤工作面作业形式

作业形式是采煤工作面在一昼夜内生产班与准备班的相互配合关系。生产班是指在规定工作时间内从事采煤工作面各道工序作业的班组，又称采煤班。准备班则是在工作时间内主要进行支护、运输、机电等设备的日常维护、检修作业，巷道维护，工作面安全措施的施工等准备工作的班组。

确定工作面的作业形式应与矿井的工作制度相适应。我国矿井工作制度大多采用“三八”工作制，即每天分成三个作业班，每班工作 8h。有些采煤工作面采用“四六”工作制，即每天分四个作业班，每班工作 6 h。

“三八”工作制的作业形式多采用“两采一准”“边采边准”“两班半采煤、半班准备”。“四六”工作制的作业形式一般采用“三采一准”或“边采边准”。

1.“两采一准”作业形式

这种作业形式有专门的准备检修班，准备时间比较充分，可保证工作面支护、机械、电气等设备的正常检修时间，有利于保障支架和机械、电气设备的完好性。准备班还可进行工作面的安全施工（如在有煤与瓦斯突出危险的工作面进行局部防突施工、防突效果检验等），确保生产班安全顺利地进行生产。这种形式经常应用在机械化采煤工作面或开采有煤与瓦斯突出危险的工作面。

2.“边采边准”作业形式

这种作业形式可充分利用工时，提高设备的利用率。生产的时间相对较长，可实现日进多循环。工作面推进速度比较快，有利于顶板控制。但这种作业形式没有专门的准备检修班，不能保障机械设备的正常维护、保养和检修，对设备的正常使用有一定的影响，须 2~3 d 安排一班进行设备的集中检修。这种作业形式在机械设备比较简单的炮采工作面应用较多。

3.“两班半采煤、半班准备”作业形式

针对“边采边准”作业形式无法保障每天正常的检修时间，该作业形式在两班采煤的基础上，另一班则采用半班准备、半班生产。既增加工作面的生产时间，又保证有固定的机械设备检修时间，可较好地保障工作面开采设备的可靠性和完好性。该作业形式主要在一些设备比较先进、检修工作量较少的机采和炮采工作面采用。

4.“三采一准”作业形式

“三采一准”作业形式是“四六”工作制时，经常采用的作业形式。每天 3 个生产班工作时间为 18h，和“两采一准”作业形式相比增加有效生产时间 2h，可较好地提高设备效益，又可保证设备的检修时间，并有效地改善井下工人工作条件，对保障工人身心健康与矿井的安全生产非常有利。在工作地点较远的综采工作面多采用该作业形式。

三、采煤工作面工序安排

合理安排：工序是采煤工作面组织正规循环作业的基础。工序安排形式有顺序作业、平行作业、顺序作业和平行作业相结合等。在安排工序时，应考虑采煤工作面工艺过程在各环节、各工序之间，在时间、空间及能力上的配合关系，紧密衔接，协调配合，还应注意做到以下几点：

1. 保证主要工序顺利进行，提高主要工序的工时利用率。首先要考虑主要工序的安排，其他工序则应配合主要工序来安排，以保证主要工序连续不断地进行。例如，在机组工作面应以采煤机的运行为主，其他工序则紧密配合，保证采煤机连续运转。炮采工作面则以爆破、掘煤、支柱、移输送机和回柱等几道工序为主。

2. 在保证安全的前提下，尽可能平行交叉作业，以充分利用回采空间和工作时间，缩短循环周期。在实行平行交叉作业时，应根据安全规程和操作规程的规定，各工序在时间上、空间上保持一定距离。

3. 应考虑前后工序的联系与配合，班与班之间应相互创造有利条件。

4. 应规定每昼夜有停电检修机电设备的时间。

5. 应考虑工作面均衡出煤，以及与其他生产环节的配合。

安排工序时，可以应用统筹法，按各工序所占时间和它们的相互关系，如顺序作业、平行作业等关系，找出主要矛盾线，绘制工艺流程图。绘图时，主要矛盾线用粗实线表示，次要矛盾线用细实线表示；顺序作业的工序，写在一条线上，并用箭头表示其先后关系；平行作业的工序，用上下互相平行的线段表示；超前或落后一定时间依次开工的工序，用斜线表示；综合作业组完成的工作，画在虚线方框内。

四、采煤工作面劳动组织

采煤：工作面劳动组织是指各工作班中劳动力定员与各工种相互配合关系。采煤工作面劳动组织包括工作面的劳动力配备（定员）和劳动组织形式。劳动力配备（定员）方法主要有按劳动定额定员，按设备、岗位、比例、业务分工等定员。企业定员必须符合国家煤矿安全监察局《关于规范煤矿企业井下作业人员数量的通知》的规定，不得超定员组织生产。

劳动组织形式以工作面正规循环作业为基础，要与循环方式；作业形式和工序安排相适应。采煤工作面劳动组织形式主要分为以下几种。

1. 追机作业

这种劳动组织形式一般和专业工种相配合。特点是依照机采工作面的生产过程，组织挂梁、推输送机、支柱和回柱放顶等专业工作组，在采煤机割煤后顺序跟机进行作业。它的主要优点是，各工种之间分工明确，工种单一，便于新工人尽快掌握生产技术；有利于实现工种岗位责任制；适应机采工作的特点，各工种工作效果与采煤机工作效能一致；人力集中，在正常条件下可较好地发挥机械采煤的优势，加快采煤机割煤速度，提高采煤工效。其缺点是各工种分工过细，追机作业劳动强度较大；由于各工种要顺序作业，一个工种跟不上将影响整个采煤生产过程；在采煤机进刀过程中，可出现部分工种窝工现象。总之，追机作业易出现各工种之间工作量的不平衡，造成忙闲不均的现象。追机作业劳动组织形式主要适用于工作面长度较长，每生产班进刀数较少，顶板条件较好，采煤队管理水平较高的机采和综采工作面。

2. 分段作业

这种劳动组织形式一般和综合工种相配合。在工作面除采煤机司机、机电工、泵站工、钻眼爆破工、作切口等与工作面长度无关的专职工种外，将工作面的采支工组成若干个工作小组，每小组 2~3 人，按工作面的长度分为几段，各工作小组在本段完成采煤过程中除落煤外的各项工作外。根据工作难易程度和工作量，每段长度为 15~20m。它的主要优点是各段劳动强度比较均衡；能实现“三定”（定地点、定人员、定工作量），易保证工作面的工程质量；工人每天固定在某段工作，便于掌握该段的顶板变化规律，可进行及时预防处理，有利于工作面的安全生产；能够培养一职多能，整体能力强的职工队伍；当工作面长度较短，工作面推进速度快，组织多循环作业更为有利。其缺点是采煤机进入该段时，工人工作量比较集中，易出现工作时间内忙闲不均的现象；当工作面长度过长时，占用人员较多，可造成窝工现象；当煤层局部发生变化时，该段工作量显著增大，而处理人员较少，将影响整个工作面采煤工作的顺利进行。

分段作业劳动组织形式主要适用于工作面长度较短，顶板条件较差，班进多循环的作业条件。在单体支护的采煤工作面应用比较广泛。炮采、刨煤机开采的采煤工作面均采用分段作业形式。

3. 分段接力追机作业

这种劳动组织形式在工作面除少数专业工种外，采支工每 2~3 人为一小组，工作面共计 6~7 小组，每小组一次负责 10~15m 范围内的采支工作。完成一段工作后，再追机进行另一段的采煤工作，形成几个小组轮流接力前进的工作过程。可避免在工作时间内出现忙闲不均的现象，可充分利用工时。遇到突发事件，可集中人员进行处理。不足是工人工作地点不固定，不利于工作面的质量管理。分段接力追机作业，回采准备时间不充分，工作面生产管理难度较大。分段接力追机作业主要适用于工作面长度较长，顶板条件较好，出勤人员较少的机采或炮采工作面。

4. 分段综合作业

这种劳动组织形式是将工作面分为3~4个大段，每段配备6~8名工人为一个工作小组，负责段内采煤工序的各项工作。各工作组由组长负责进行适当分工，可采用组内追机或分段作业，组内还可进行协调管理，相互帮助，有利于工作面的安全生产管理。分段综合作业能较好地发挥工人的基本特长，是一种比较合理的劳动组织形式。在工作组内相互协调配合，有利于工作面的生产管理。其适用条件与分段作业基本相同。

第二节　采煤工作面技术管理

采煤工作面技术管理是通过工作面作业规程、各工种技术操作规程体现的。工作面作业规程、技术操作规程与《煤矿安全规程》是煤矿的三大规程。编制采煤工作面作业规程、检查各工种的技术操作规程执行情况、确保采煤工作面的工程质量符合标准、确保采煤工作面生产安全，是采煤一线工程技术人员的主要职责，也是必备的关键技能。

一、采煤工作面作业规程

采煤工作面作业规程是规范采煤工作面工程技术管理，协调各工种、工序关系，落实安全技术措施，保障安全生产的准则。《煤矿安全规程》第四十九条规定，采煤工作面回采前必须编制作业规程。情况发生变化时，必须及时修改作业规程或补充安全措施。

（一）采煤工作面规程的基本内容

2005年，煤炭行业规范了煤矿作业规程编制的格式，开发了“煤矿作业工程管理系统”应用软件，为科学、规范、高效编制作业规程提供了方便。采煤工作面作业规程按下列章节和内容编写。

（二）采煤工作面作业规程的编审步骤

1. 初稿的编制

采煤（区）队工程技术管理人员根据地质、设计部门提供的采煤工作面设计说明书，深入井下现场调查、熟悉工作面的基本情况；收集条件相似工作面生产技术管理资料；了解机电技术部门可提供的机械设备供应情况；掌握工作面生产技术、安全管理、产量、效率等方面的基本要求。征求有关技术人员和技术工人对生产管理和安全管理的意见，按作业规程编制规范要求，在采煤副总工程师的指导和相关部门的协助下，编制出采煤工作面作业规程的初稿。

2. 定稿的集体研讨

由采煤（区）队主管负责人召集本单位生产管理人员和技术工人代表，对编制的作业规程初稿进行研讨，提出修改意见。工程技术管理人员根据研讨意见，进一步修改完善后，上报矿主管领导与技术主管部门进行审批。

3. 作业规程的审批

采煤队编制的作业规程必须在工作面投产前的10~15天，由矿总工程师组织相关的生产、地质、设计、机电、运输、通风、安检、计划、物资供应、劳动工资等部门对作业规程进行会审。各部门结合各自管理要求，针对作业规程的有关条款进行审查，签署对作业规程执行中的注意事项、需要进一步完善的问题和审定意见。通过后由矿总工程师签字批准，并报上一级主管部门备案。

4. 作业规程的贯彻落实

经矿总工程师签批的作业规程，在工作面投产前7天，由采煤（区）队长和主管技术员组织职工进行学习，矿安全检查部门要派专人到场，确保全体职工熟悉采煤工作面生产的基本条件，开采技术措施，工作面主要开采设备操作和管理的基本要求，掌握各种灾害事故发生特点、危害性质及防治的基本措施，确保工作面高产高效安全生产。作业规程：贯彻学习之后，要组织职工进行专门的考试，职工考试的成绩要集中归档。未参加作业规程学习和参加考核不合格者，不能下井上岗作业。

5. 作业规程的修改与补充措施

作业规程在执行过程中发现问题和采煤工作面条件发生变化时，要及时进行作业规程的修改或编制补充措施。编制的补充措施必须另行由各有关部门与矿总工程师审批。

（三）编制作业规程注意事项

1. 编制作业规程必须符合工作面的基本条件，切实可行。严禁套用、沿用其他工作面的作业规程。

2. 作业规程要文字简明易懂，图表清晰准确，计算规范无误，措施齐全可行。

3. 作业规程编制要严格执行《煤矿安全规程》的有关规定和设计规范的有关要求。

4. 作业规程编制应选择合理的作业形式和劳动组织方式，各项指标要具有一定的先进性，使工作面的生产技术管理达到先进水平。

二、技术操作规程

技术操作规程是行业主管部门负责制定的工人进行生产活动时的操作规范和行为准则。是实现技术标准化、操作规范化，搞好技术培训和技术练兵，保障安全生产和工程质量，提高生产效率，杜绝违章作业，避免人身事故与设备和财产损失的规范性条例。煤矿企业各工种在生产活动中必须严格执行技术操作规程的各项规定。

原煤炭工业部制定的《煤矿工人技术操作规程（采煤）》由总则和采煤各工种技术操

作规程组成。总则主要规定煤矿工人上岗操作的基本条件，工作地点环境安全的有关规定，工人操作时的基本要求，并强调工人有权杜绝违章指挥。各工种技术操作规程由四部分内容组成。

1. 一般规定

说明担任该工种上岗作业必须具备的基本条件，该工种操作应达到的质量标准，和与其他工种相互配合的关系以及对操作环境的基本要求。

2. 操作前的准备与检查

说明该工程操作工具、配件、材料准备的基本要求，对操作设备进行检查的程序与要求以及发现问题处理的原则、方法。

3. 操作及注意事项

说明该工种操作程序、工作方法与要求，操作时的安全注意事项，遇到意外事故时处理的基本方法。

4. 收尾工作

说明该工种工作结束时需达到的基本要求，设备应保持的基本状态，交接班的要求及注意事项。煤矿井下工作人员必须根据各自从事的工作岗位，认真学习本工种及相关工种技术操作规程，考核通过取得资格证后，持证上岗。在生产过程中，必须严格执行技术操作规程的各项规定。

第三节　采煤工作面质量管理

一、煤的元素成分

煤是由有机物质和无机物质组成的。煤中的有机物质主要由碳、氢、氧、氮等元素组成。煤中的无机物质主要是矸石杂质。

二、评价煤的常用指标

1. 水分

煤中含有一定水分，根据水在煤中的存在状态分为内在水分和外在水分。内在水分是指吸附和凝聚在煤粒内部毛细孔中的水分；外在水分是煤炭采、运、储存及洗选过程中附在煤粒表面的水分。煤的内在水分和外在水分总和称为全水分，是评价煤质的基本指标之一。

2. 灰分

煤的灰分是样煤在规定条件下完全燃烧后所剩的残留物。灰分越低，煤质越好。灰分增加了煤的运费，降低了煤的发热效率，影响了煤的工业用途，因此灰分是评价煤质的主要指标之一。

3. 挥发分和固定碳

煤在隔绝空气条件下加热到（900 ± 10）℃并经 7min 后，从煤中有机物质分解出来的液体和空气产物称为挥发分，其主要成分是甲烷、氢及碳氯化合物等。煤的挥发分反映煤中有机物质的性质及煤的许多重要特征，是评价煤的重要指标。

在测定挥发分时，残留的固态产物称为焦渣。形状和特征反映了煤的黏结、熔融和膨胀性能。从焦渣中减去灰分后的残留物被称为固定碳，其成分主要是碳元素。

4. 发热量

发热量是指单位质量的煤在完全燃烧时放出的热量，是计算热平衡、耗煤量和热效率的依据。煤的发热量随其变质程度增高而增加，随灰分和水分增加而降低。

5. 胶质层厚度

胶质层厚度是反映煤黏结性的指标。凡是有黏结性的煤，在隔绝空气条件下加热到一定温度（350℃以上），其有机质开始分解，软化成胶质体，然后随着温度继续升高（510℃以上），胶质体又固结成多孔的半焦，最后形成焦炭。在此过程中，煤的黏结性越强，其胶质层厚度越大。因此可用胶质层最大厚度值来表示煤的黏结性。煤的黏结性是评价炼焦用煤的主要指标。

6. 黏结指数

黏结指数是反映煤的黏结性的指标。

7. 含矸率

含矸率是指矿井所产煤炭中粒径大于 50mm 的矸石质量占全部煤量的百分率。

三、顶板管理工程质量要求

采煤工作面的控顶距按规定严格控制，及时回柱放顶；沿放顶线的支柱应打成直线，打紧打牢；采空区内的柱、梁必须全部撤除，以保证采空区顶板充分垮落；回出的支柱、金属铰接顶梁应堆放整齐，以便使用和行人行走；顶板破碎时，沿放顶线支架外侧应有挡矸装置，防止冒落的矸石窜入工作空间。

采煤工作面的质量管理包括产品质量管理及工程质量管理两部分。

（一）产品质量管理

采煤工作面的产品是煤，必须认真做好煤质研究，加强煤质管理，提高煤炭质量，增加品种。采煤工作面提高煤炭质量的技术措施有：

1. 加强采煤工作面的支护，确保顶板不漏。

2. 严格掌握采煤的高度。

3. 采空区与采煤工作面用密集支柱，防止采空区矸石窜入工作面。

4. 采煤过程中尽量降低煤的外在水分。

5. 对不同品种的煤应实行分采、分装、分运。

6. 制定严格的井下拣矸制度。

（二）工程质量管理

采煤工作面的工程质量是指采煤工艺过程中各工序应达到的质量标准。根据《煤矿安全规程》，概括起来主要有以下几个方面：

1. “三直”

（1）工作面煤壁直。落煤后工作面煤壁应采直、采齐。

（2）刮板输送机。输送机时应顺序推移，只允许有一个弯曲段，一般为 15~20m，而且弯曲度不得过大过急；输送机的机头、机尾不应过于超前或落后；推移输送机后各部偏差不大于 150mm，并要铺平、铺稳。

（3）采煤工作面支柱要打成直线。设支架时顶梁与顶板必须背实，防止漏矸与冒顶；支架底座下不得有杂物，以防止支架发生歪斜；架间距要一致，移架推进度要一致，移架后支架呈直线。机采工作面中，刮板输送机直是“三直”中的首要问题，刮板输送机是采煤机运行的轨道，只有刮板输送机移直，方能保证采煤机按规定的进度割煤，把煤壁割直。液压支架的推移千斤顶与刮板输送机相连接，刮板输送机直是保证支架移直的前提，刮板输送机移直，支架就很容易移直。煤壁、支架和刮板输送机要各呈一条直线，且三条直线相互平行。

2. “两平一净”

“两平”指采煤工作面顶板、底板要平整。采煤工作面顶底板做到平整，可以保障支架良好支撑和刮板输送机顺利推移。

“一净”指将采空区的支架回收干净。这样既能提高支架的复用率，又能使采空区顶板充分垮落，有利于采场顶板管理。

3. “三畅通”

（1）采煤工作面上下出口要畅通。采煤工作面上下出口即为工作面安全出口，根据《煤矿安全规程》的要求，必须保证安全出口畅通无阻。采煤工作面上下出口要畅通，关键在顶板管理，顶板管理质量与端头支架支护方式、超前支护距离、巷道断面形状关系极大。

（2）采煤工作面巷道要畅通。要经常性保持工作面巷道有合理的净高与净宽，保持巷道内支架完整可靠，巷道内无积水、无淤泥、无杂物堆积，设备排列有序，材料堆放整齐，电缆、管路铺设规整，文明生产。

（3）采煤工作面的“三道”要畅通。采煤工作面的“三道”即机道、人行道、材料道。在“三道”内不得随意堆积杂物，对回收、备用的支护材料应堆放整齐，确保“三道”的畅通。采煤工作面工程质量管理根据《采煤工作面工程质量标准及考核评分方法》规定，以考核评比结果，将工作面工程质量分为优良品、合格品和不合格品。

第四节　采煤工作面安全管理

一、概述

安全管理是企业管理的一项主要内容。安全管理工作也反映企业的管理水平。企业管理好的单位，重视安全管理工作、企业的生产效率提高，经济效益增长。反之，不重视安全管理工作，可造成事故、伤亡不断发生，经济财产受到严重损失。安全状况恶化、职工无法安心工作、不能保证生产正常进行、企业的生产和效益都将受到严重影响。随着煤矿开采机械化水平提高、安全管理工作就显得尤为重要。

采煤工作面安全管理的主要任务是保护职工在生产过程中的安全与健康，防止伤亡事故和职业危害，保障采煤生产过程正常进行，提高工作面的生产能力和效益。历年统计资料显示，煤矿的重大事故 70% 以上发生在采掘工作面。要改善煤矿的安全状况，其关键必须加强工作面的安全管理工作。采煤工作面安全管理的主要内容分为以下几个方面：

1. 加强职工安全管理意识

安全生产是一项与广大职工的行为和切身利益紧密相连的工作，依靠少数人是不行的，必须依靠广大职工增强安全意识，积极参与安全管理工作，才能保证生产安全正常进行。要经常对职工进行安全技术培训和教育，提高职工安全知识水平和技能，使其自觉遵守安全生产管理的各项制度。

2. 健全安全管理体制

采煤工作面要建立由采煤（区）队长负责制的安全管理体制。各工作班要配备安全管理员，负责本班安全管理工作与工程质量管理工作，各工作小组要有安全监督员，对工作地点、工作设备、工作过程的不安全行为进行监督，有权在危及人身安全的状况下停止作业、撤出工作人员、坚决执行不安全决不生产。

3. 加强工作面工程质量管理

工程质量管理是采煤工作面安全管理的主要内容。只有抓好工程质量管理，才能使生产在安全的环境中进行，安全生产才有保证。

4. 严格执行安全管理制度

安全管理制度是职工生产活动中的行为准则。遵守安全管理制度是工作面安全管理的保障。安全管理制度是工作面作业规程中的主要内容。编制作业规程时，必须结合工作面的具体条件和煤矿安全管理的各项规定，制定完善的、切实可行的安全管理制度。

5. 采用先进的安全技术设备

先进的技术设备和安全管理设备不断推出，对工作面的安全生产提供了可靠的技术保障。在条件允许的情况下，要尽量采用先进的技术设备和安全管理设施，提高工作面安全管理的水平，减少和避免各类事故的发生和危害。

6. 制定完善的安全技术措施

在复杂的地质条件下从事采掘工作，煤矿的五大自然灾害时刻危及煤矿职工的安全，生产过程中的各种不安全行为也是造成事故的根源，制定完善的安全技术措施是杜绝煤矿灾害事故的基础。工作面安全技术措施主要包括煤矿各类灾害事故的防治措施。工作面生产过程中的各项安全技术措施与机械电器设备操作使用方法及安全管理的技术措施。

（1）灾害事故防治措施

瓦斯防治措施、煤尘防治措施、火灾防治措施、水灾防治措施和顶板事故防治措施。

（2）生产过程中的各项安全技术措施

工作面初采安全技术措施、工作面周期来压防治措施、工作面支架移设的安全措施、采煤机割煤时的安全措施和特殊条件开采安全技术措施。这些主要是结合工作面的具体条件制定在通过断层、旧巷和其他地质构造破碎带时的顶板控制与安全管理措施。

（3）机械电器设备安全使用管理措施

液压泵站安全操作措施、工作面绞车使用与移设安全管理措施、矿车辅助运输的安全措施和电器设备检查维修安全管理措施。

（4）其他安全技术措施

严禁五种人下井作业和严格执行“四不生产”规定等。

二、综采设备安装和撤除的安全技术措施

（一）综采工作面设备安装

1. 开切眼的准备

（1）开切眼位置的确定和要求

为了减小开切眼的变形量和保证顶板完整性，开切眼应布置在煤层赋存平稳、围岩稳定的地带；尽量避开地质构造带、煤柱下方、老巷上下方，以及有煤与瓦斯突出危险的地带。

开采近水平煤层的开切眼应与工作面运输和回风巷垂直；开采缓倾斜以上煤层时，为防止刮板输送机和液压支架的下滑、开切眼与工作面运输和回风巷可有一定角度。为了便于液压支架的运输，开切眼与工作面回风巷连接处应抹角、曲率半径适宜支架转弯。

（2）开切眼的准备方式

根据我国综采设备的安装方法，开切眼的装备方式一般有 3 种：一是全断面一次掘成，适用于顶板稳定，压力较小的条件；二是先掘小断面开切眼，设备安装前一次扩完全长，适用于顶板稳定及中等稳定，压力较大的条件；三是先掘小断面开切眼，边扩边安装设备，即将工作面分成 30~50m 的几段，扩完一段安装一段，适用于顶板破碎、压力大的条件。

（3）开切眼扩面的支护方式

开切眼的支护既要有足够的强度和稳定性，维护好开切眼空间，又要为设备的安装创造出方便条件。根据顶板岩石性质，开切眼内支护方式有以下 4 种。

1）坚硬稳定顶板均采用锚杆支护方式。其特点是断面空间大，节省替换棚（柱）的工作量和时间，设备安装方便，速度快。

2）顶板完整稳定，但压力大。一般采用锚杆支护或锚杆与点柱联合支护。其特点是支护强度高、稳定性好；在安装液压支架时，并逐架撤收点柱。

3）松软顶板或分层开采金属网假顶。采用金属棚支护或锚杆、金属顶网与金属棚联合支护。安装液压支架时，沿支架安装方向逐架拆除金属棚，改设跨度较大的“一梁二柱”金属棚，棚距等于液压支架的宽度。在支架安装地点，根据顶板情况超前架设数架支架，并用板皮背顶好。当支架到位安装符合要求后升柱支撑顶板，拆除后边的金属棚，以后逐架安装、逐架改棚和拆除。其特点是设备安装速度慢。

4）破碎顶板。应采用铺设金属顶网，网下用金属棚支护或锚杆、金属顶网与金属棚联合支护。在安装支架时，本架顶梁上预先挑长为 2.0~2.5m，平行于工作面的大板梁，构成超前支护，给下一架支架安装创造条件。由于顶板破碎，支护复杂、设备安装速度慢。

2. 综采设备的组装

依据井巷条件及设备尺寸的大小，综采设备可以有在地面工业场地、井下巷道、工作面组装 3 种方式。地面组装效率高、质量好，组装后还可以进行整套设备的联合试运转，以确保井下安装完成后设备能正常运转，并可按照井下安装顺序在地面将设备排列好，能提高井下安装的速度和效率。老矿井巷道系统复杂，断面小，运输系统不能满足整体运输综采设备的要求，只好将设备解体后下井。在工作面与回风平巷交接处设临时组装硐室，将设备组装好后再运入工作面安装。

3. 综采设备的运输

（1）开切眼内液压支架运送方法

1）利用刮板输送机送入。刮板输送机安装时，先不装挡煤板，电缆槽和机尾传动装置：在输送机溜槽上设置滑动平板车，将支架放置在小车上，用锚链将小车与刮板输送机刮板链拴紧，由刮板输送机带动小车沿工作面倾斜方向运送到安装地点；然后用小绞车将支架拉下，进行调向，对位调整，接管送液后，即可支撑顶板；安装好一部分支架后，可相应安装输送机的挡煤板和电缆槽。采用这种液压支架运送方法所需设备少、导向可靠、转向容易、安装速度快；但用于近水平煤层时，摩擦阻力大。它适用于缓倾斜或倾斜煤层工作面。

2）利用绞车送入

①沿轨道运送。当回风巷和开切眼高度较大时，开切眼内轨道与回风巷轨道接通，利用工作面上、下出口处设置的小绞车，直接将运载支架的平板车拉到安装地点；再用工作面内设置的小绞车进行对位调整。这种运送液压支架的方法适用于中厚煤层工作面。

②用导向滑板拖运。工作面高度不允许将装支架的平板车直接运入，且底板松软又不

能沿底板拖运支架时，可在底板上铺设轨道、轨道上设置滑板、支架放置在导向滑板上用绞车拉到安装地点。该方法适用于煤层底板松软的条件。

③沿煤层底板拖入。若煤层底板坚硬、平滑、抗压强度大，且沿底板拖运支架不会造成支架下陷时，可将支架直接放在底板上用绞车拖拉到安装地点；然后再用设置在开切眼内的小绞车协助调向，对位拉正。用这种方法运送液压支架，简单易行，但导向性差。支架调向时较困难。该方法适用于煤层底板坚硬的条件。

3）用单轨吊车送入。预先在开切眼内顶板上设置好单轨道，当装有支架的车辆运送到平巷工作面上出口处时，利用单轨吊车把支架提起，转 90°，在安全绞车钢丝绳的控制下，顺单轨道下滑到安装位置，进行转向，使支架垂直于煤壁，下放支架并在底板上放稳；然后利用单轨吊车把顶梁和护梁提起，安装好支柱、液压管道，同时连接好刮板输送机溜槽。这种方法操作简单，转向容易，安装速度快，但应配置相应的运输工具。

（2）综采设备运输的安全措施

1）车辆连接装置必须牢固可靠，斜坡运输时必须加有保险绳。

2）机车运输时，接近风门、巷口、硐室出口、弯道、道岔、坡度较大等处以及前方有机车或视线不清时，都必须发出警告并低速运行，以防紧急刹车、车辆间相互碰撞或掉道。

3）两列车同向运行时其间距不得小于 100m，在能自溜的坡道上停放车辆时，必须用可靠的制动器或阻车器稳住车辆，以防发生跑车事故。

4）液压支架整架运输时，侧护板除本身的液压锁紧外，还要用机械或其他方法锁紧。

5）在有架线的轨道上运送液压支架或较大部件时，应在被运物件的顶部盖好绝缘胶皮，以防发生触电或短路事故。

6）在轨道斜坡用绞车拉运设备时，必须配备操作熟练的专职绞车司机、把钩工、信号工对绞车的各部件和制动装置应仔细检查，确保完好，严格执行“行车不行人、行人不行车”的安全制度。

4. 综采设备的安装

（1）设备安装顺序

综采工作面全套设备的安装顺序一般是：供电系统—泵站—刮板输送机—液压支架—采煤机。但是由于工作面顶底板岩石性质、开切眼断面尺寸和成形方式的不同，综采设备安装顺序又分以下 3 种形式。

1）安装液压支架刮板输送机采煤机。采用这种安装方式，桥式转载机、可伸缩带式输送机和电气设备的安装，可与工作面的设备安装平行作业。该方式适用于工作面顶板破碎，开切眼断面较小的条件，可以边安装液压支架，边刷帮扩大开切眼断面。这种方式的优点是，可避免因开切眼面积过大，顶板维护困难，给液压支架安装工作造成困难。存在的问题是，液压支架的安装与开切眼刷帮交叉作业，两者相互干扰，组织工作比较复杂。

2）安装刮板输送机、桥式转载机和可伸缩带式输送机、采煤机、液压支架。该方式适用于工作面顶板较破碎、小断面开切眼的条件。工作面首先安装刮板输送机、桥式转载机和可伸缩带式输送机，形成运输系统。采煤机安装好后即可进行割煤扩帮，刷大开切眼。顶板用棚式支架或单体液压支柱支护。其主要优点是预先安装好刮板输送机，便于液压支架的安装和定位。

3）同时安装刮板输送机、桥式转载机、可伸缩带式输送机、泵站、电气设备等液压支架、采煤机。该方式适用于工作面顶板中等稳定以上和开切眼断面一次成形的条件。由于刮板输送机已预先安装好，对液压支架的运送、安装、定位比较有利，组织工作比较简单；但开切眼断面大，支柱（或棚子）的替换工作比较复杂。

（2）液压支架的安装顺序

根据开切眼内顶板状况，综采工作面设备安装顺序可分为前进式和后退式 2 种。

1）前进式安装。工作面压力大、顶板破碎时，采用分段扩面、分段安装或边扩面边安装的前进式安装方法。此方法的安装顺序与支架运送方向一致，支架由入口开始依次往里安装。工作面扩好一段，支架开始由入口往里安装，同时开始下一段的扩面工作。安装与扩面工作同时进行，分段将工作面依次安装完毕。该方式工作面空顶时间短，随着支架的安装超前铺设轨道支架的运输路线始终在已经安装好的支架掩护下进行。支架进入时应架尾朝前，以便调向人位，减小空顶面积。安装本架时，顶梁上可预先挑上 3 块 2.0~2.5m 长的大板梁，给下一架支架安装创造条件。支架卸车、调向、摆正、定位主要用绞车牵引，同时必须注意钢丝绳与支架的连接。支架调向时严防碰倒临时支架的棚腿，对有碍事的棚柱可替换，打临时支柱，以防冒顶。

前进式安装不仅对顶板控制有利，而且有利于扩面和工作面安装平行作业，提高安装速度；有利于人员调配，减少窝工现象，解决人力、空间、时间三者的矛盾。安装前必须沿工作面方向给出安装支架的基准线。前进式安装存在的问题是：扩帮、装煤及运煤工作量大、劳动强度大。

2）后退式安装。一般开切眼一次扩好，并铺好轨道，或直接在底板拖运，然后由里往外倒退式安装支架，支架安装完毕再铺设工作面输送机，最后安装采煤机。

支架在工作面安装地点的卸车、调向、定位等与前进式基本相同。为了便于调向，可制作一辆专为安装使用的转盘车，支架可以在车上转动。支架运送到组装硐室后，吊到转盘平板车上；运送到安装地点，旋转 90° 对准安装位置，用绞车拉下并拖运到安装位置即可。该方式适用于顶板条件好、安装时间短的轻型支架。

无论是前进式还是后退式安装都应当注意：首先根据转载机与带式输送机的中心线位置确定出工作面输送机机头位置，根据机头位置确定排头支架的中心位置，进而预先测量出每架支架的精确中心点，保证支架定位准确，便于支架与输送机机槽准确连接；支架入位后要立即装好前探梁和各阀组、管路与乳化液泵站接通、升柱支护顶板、顶梁与顶板接触要严密，局部超高或接触不好的位置用木垛构实。为排除支架立柱内存留的空气，应将支架反复升降几次，以提高初撑力。安装，完毕一个支架后要详细检查，达到安装质量标准和设备完好标准时，方可安装下一架支架。

（二）综采工作面设备的撤除

1. 综采工作面设备拆除的顺序

综采工作面设备的撤除的顺序有双向撤除和单向撤除 2 种方式。

（1）双向撤除

采用由上、下顺槽同时或开辅助巷多头拆架，拆除综采工作面液压支架及配套设备。此方式适用于下顺槽为机轨合，巷道及上、下顺槽畅通的情况。

（2）单向撤除

1）下行撤除。此方式适用于综采工作面收尾结束后上顺槽巷道变形严重、工作面倾角较小的情况。其设备的撤除顺序如下：

可伸缩带式输送机→桥式转载机→采煤机→刮板输送机→液压支架→乳化液泵站→移动变电站等。

2）上行撤除。此方式适用于下顺槽积水较大、设备的撤除困难等情况。其设备撤除顺序如下：

采煤机→刮板输送机→桥式转载机→可伸缩带式输送机→乳化液泵站→移动变电站→临时泵站→液压支架等。

2. 综采设备的撤除方案

（1）撤除工作面设备前顶板的维护。对于顶板不稳定的工作面，为了保证支架撤除时的安全，当工作面采到距停采线 10~12m 时，开始沿煤壁方向铺设双层交错搭接式金属顶网，一直铺到停采线；并沿煤壁下垂到撤架通道巷高的 1/2~1/3 处以下；再沿煤壁打锚杆，将金属网锚固在煤壁上；或在煤壁侧打贴帮柱，用小木板或竹笆封严，以防煤壁片帮。

1）铺设木板梁。当顶板破碎，压力大时。在距停采线 6~7m 时，开始沿煤壁方向在支架顶梁和金属网之间铺设规格约为 150mm × 100mm × 2500mm 的矩形木板梁，间距为 500~600mm，每割一刀煤，铺一排木板梁，并铺成上下交错的连锁式。

2）铺设钢丝绳。当工作面采到距停采线 10~12m 时，开始沿煤壁方向铺设双层交错搭接式金属顶网。当一般支架前梁顶住 3~4m 金属网后，沿煤壁方向在支架项梁和金属网之间铺设护顶旧钢丝绳。钢丝绳与双层网之间沿煤壁每隔 200~300mm 用 ∮ 6mm 镀锌低碳钢丝绳双股双扣捆扎紧固好。当铺设护顶钢丝绳的长度不足时，应使用绳卡接好，每个绳接头不少于 4 个绳卡，搭接长度不小于 2m。每条护顶绳两端均与工作面上下出口抬板（木板梁）固定好，并打好戗柱。通常，工作面每向前推进一刀，即铺设 1 条钢丝绳，共铺设 10~12 条。随着工作面向前推进，护顶钢丝绳和金属网依次铺设在顶板和液压支架顶梁之间。其中，当工作面推至距停采线为设计撤除空间梁端距时，停止移架、脱开支架与输送机连接头，在支架推移千斤顶前端接用木块或机械杆推移输送机，采煤机继续割煤，如此边割边移直至停采边界线。

上述措施要根据顶板具体情况选定。当顶板稳定、煤质坚硬无片帮时，不需支设任何临时支架；顶板较稳定时只铺设木板梁；顶板破碎时，需铺设金属网并在网下铺设木板梁或钢丝绳，或采取网绳—梁联合护顶措施。在进行其顶板维护方案选择时，要搞好技术经济比较，最终选择安全、经济的方案。总之，无论采用哪种方案，都必须起到控制顶板、阻止矸石冒落的作用，使液压支架撤除场地安全、整洁，为液压支架的安全撤除操作创造良好的工作条件。

（2）撤除通道的支护。从工作面距停采边界10~12m处起。工作面必须严格按照“三直、两平”标准进行收尾停采，即煤壁直、液压支架直、输送机直、顶板平、底板平。为了保证撤架时有足够的空间，而且不至于把液压支架“压死”，必须保证液压支架活柱的伸出量不小于400~500mm，或者打设加强木点柱。当采煤机割最后两刀煤时，只推输送机而不移架，机道空顶部分采用2.0m左右长的走向棚支护，棚梁一端搭在液压支架的顶梁前端上，另一端支设在贴帮柱上，使支架前梁端头与煤壁之间形成符合设计撤除空间梁端距的空间。

工作面顶板稳定时，可采用锚杆支护，形成锚杆支护撤出通道，当液压支架停止前移后，继续推移刮板输送机，采煤机制过煤后，距下滚筒5~20m范围内停止采煤机和输送机运转，支设戴帽点柱或在支架顶梁上挑木板梁维护顶板，并采取防片帮措施。然后，开始打锚杆眼，铺设金属网，安装锚杆和托板，托板规格为∮200mm×500mm的半圆木，沿工作面平行和垂直相互交叉布置，锚杆间距700mm，排距600mm。上述工序周而复始，直至通道符合规格要求。最后，铺设护帮金属网，打护帮锚杆至形成锚杆撤除通道。

3. 综采设备的撤除

（1）采煤机及刮板输送机的撤除

1）准备工作。为方便采煤机的拆除，需在刮板输送机尾部做一个长15m，宽1.5m的缺口，并铺设轨道，为采煤机的拆卸、装车提供作业空间。待工作面撤除通道做好后，将采煤机放在该缺口内。工作面撤除通道完工后，应将全巷道内的杂物、浮煤、浮研清理干净。为便于采煤机、输送机的拆卸，凡需解体部位的螺栓应预先浸油松动。为了防止拆卸过程中小零件的丢失。应配备一定数量的小集装箱。为方便拆运，应配齐所用的工具。

2）采煤机的撤除

拆除采煤机牵引链及其张紧装置（对有链牵引采煤机而言）、电缆拖移装置、喷雾降尘与水冷系统等附属装置；拆除采煤机前后弧形挡煤板、滚筒；拆除采煤机截割部、电动机、牵引部、电控箱，并装车运走；拆除底托架、行走滑靴、调斜及防滑装置、拆除缺口内的轨道。

3）刮板输送机的撤除

解除电缆槽底座与液压支架推移杆的连接装置，拆除铲煤板、挡煤板、电缆、电缆槽、采煤机爬行导轨、齿条等；拆除输送机全部刮板链；拆除机头、机尾部传动装置；拆除机尾架、后过渡槽及全部中部槽，拆除前过渡槽、机头架、底座。

（2）顺槽设备的撤除

顺槽设备的撤除顺序与方法，取决于工作面“三机”的拆运路线。如果工作面撤除的设备需经工作面运输巷运走，则应先撤除工作面运输巷设备；否则，顺槽设备可与工作面采煤机、输送机同时平行撤除。顺槽设备的撤除一般按照由外向里的顺序撤除。

三、输送机防滑和支架防滑防盗安全技术措施

在干燥条件下，金属对金属的摩擦因数为0.23~0.3，其相应的摩擦角为13° ~17° ；在潮湿条件下，摩擦因数要降低。因此，以输送机为导向和支承的采煤机，在煤层倾角大于12° 时必须设防滑装置。

煤层底板对金属的摩擦因数一般为0.35~0.40，相对应的摩擦角为18° ~20° 。由于工作面常有淋水以及降尘洒水，可使摩擦因数进一步降低，致使煤层倾角在12° 时就有可能由于输送机和支架的自重引起下滑。

综上所述，12° 以下的煤层是机采最有利的条件设备，不会因自重而下滑。生产中出现的倒架、歪架以及输送机上、下窜动等问题，可以通过工艺措施加以解决；当煤层倾角大于12° 时，工作面设备一般应加防滑装置并采取相应的工艺措施。

（一）防止输送机下滑

输送机下滑，是机采面最常见的影响生产的严重问题。输送机下滑往往牵动支架下滑，损坏拉架移输送机千斤顶，输送机机头与转载机机尾不能正常搭接，煤滞留于工作面端头，导致工作面条件恶化。输送机下滑主要有下列原因：重力引起下滑，当煤层倾角达到12° ~18° 时，就有可能因自重而下滑；推移不当、次数过多地从工作面某端开始推移；输送机机头与转载机机尾搭接不当，导致输送机底链反向带煤，或者底板没割平或移输送机时过多浮煤及硬矸进入底槽，导致底链与底板摩擦阻力过大，均能引起输送机下窜。多数情况则是这几种因素综合作用的结果。根据现场观测，煤层倾角5° ~8° 时也有下滑现象。

防止输送机下滑应采取以下措施：防止煤、矸等进入底槽，以减小底链运行阻力；工作面适当伪斜，伪斜角随煤层倾角的增加而增加。当煤层倾角为8° ~10° 时，工作面与平巷成92° ~93° 角，即当工作面长150m时，下平巷比上平巷超前5~8m为宜。调整合适时，输送机推移的上移量和下滑量相抵消。一般伪斜角不宜过大，否则会造成输送机上窜和煤壁片帮加剧；严格把握移输送机顺序。下滑严重时可采取双向割煤、单向移输送机，或单向割煤、从工作面下端开始移输送机；用单体液压支柱顶住机头（尾），推移时，将先移完的机头（尾）锚固后，用单体支柱斜支在底座下侧，再继续推移；在移输送机时，不能同时松开机头和机尾的锚固装置，移完后应立即锚固，必要时在机头（尾）架底梁上

用单体液压支柱加强锚固；煤层倾角大于 18° 时，安装防滑千斤顶。防滑千斤顶的安装形式多样。每隔 6m 装设于支架底座一个拉曳锚固千斤顶锚固机槽。推移输送机时，千斤顶处于拉紧状态，但推移千斤顶推力大，仍能使输送机前移但不下滑；移架时防滑千斤顶松开，移架后仍处于拉紧状态。安装专门防滑千斤顶，会增加操作工序、降低移架速度，应尽量不用。

（二）液压支架防倒防滑

煤层倾角较大时，液压支架的稳定性问题通常表现以下几种情况：由于煤层倾角较大，支架重力沿煤层倾向的分力大于支架底座和底板间的摩擦力，便可产生侧向移动；随煤层倾角增大，支架重力的作用线超出支架底座宽度边缘时便会倾倒。此外，煤层倾角较大时，顶板移动方向偏离煤层顶底板的法线方向，也会使支架倾倒；支架前后端下滑特性不同以及垮落矸石沿底板的下冲作用，也会使支架在煤层平面内移动；支架顶底所受力的合力偏心，产生力矩而使支架倾倒。

在大采高煤层工作面，由于支架的支撑高度大，支架各部件的连接销轴与孔之间存在轴向和径向间隙，即使在水平煤层的工作条件下，支架也会产生歪斜、扭转甚至倒架。经计算和实际测量，当支架高度为 4~5m 水平放置时，立柱横向偏斜角可达 3° ~4° ，顶梁横向偏移距离为 300~400mm ；当支架向前或后倾斜 ±1° 时，梁端距变化 ±70mm。若采煤机向煤壁侧倾斜 6° ，面距将增加到 800mm，容易发生冒顶事故；若采煤机向采空侧倾斜 6° ，滚筒就要割支架顶梁。而如果煤层有倾角以及底板不平，支架更容易歪斜、倾倒，从而导致顶梁互相挤压，支架难前移，或顶梁间距过大而发生漏矸现象。为防止以上现象发生，除在设备结构上进一步完善外，在采煤工艺上也应采取以下相应措施：支架工作状态是否正常，主要是由采煤机司机操作割煤质量决定的，因此应加强采煤机司机的训练和检查指导，将底板割平；把煤壁采直并防止输送机下滑，使支架垂直煤壁前移，架间保持平衡，防止邻架间前梁和尾端相互推挤，并严格控制支架高度和采高，使之不超高；移架时，顶梁不脱离顶板，但又要防止过分带压移架，以防碎矸冒落和支架后倾；发现小的歪斜时，立即调整，以防进一步恶化；工作面出现断层等地质构造时，也要制订相应技术措施，保证工作面的工程质量。

防止支架失稳应采取以下措施：始终自工作面下部向上移架，以防采空区滚动研石冲击支架尾部；为防止新移设支架处于初撑力阶段与顶底板的摩擦力小可能产生下滑，应采取间隔移架，并使支架保持适当迎山角，以抵消顶板下沉时的水平位移量；要严防输送机下滑牵动支架下滑。工作面下端头排头支架的稳定是稳定中间支架的关键因素之一，要采取特殊支护措施，确保排头支架的稳定。

（三）采煤机防滑

工作面倾角在 15° 以上时，滚筒采煤机必须有可靠的防滑装置。有链牵引采煤机除防止断链和下滑外，还可为采煤机上行割煤时提供缠绕力、增加割煤的牵引力。无链牵引采煤机装备有可靠的制动器，可用于 40° ~54° 以上煤层而无须其他防滑装置。有的轻型采煤机装有简易防滑杆。当煤层倾角较小时，虽不会出现由自重而引起的下滑现象，但可能出现大块煤矸或物料在输送机刮板链带动下推动采煤机下滑，因此新型采煤机牵引部都具有下滑闭锁性能。

四、工作面地质构造和旧巷的安全技术措施

地质构造复杂时，应采取综合治理的方法：地质构造过分发育的块段，采用炮采工艺，炮采对地质变化的适应能力较强；在工作面布置时将断层留在区段煤柱内或虽然工作面内有断层，但与工作面交角不宜太小，以减少对工作面的影响范围，采用调斜的方法，改变工作面的推进方向，躲开地质变化带；工作面推进中，发现了未知的工作面难以通过的地质构造时，可将工作面甩掉一部分，其余部分继续推进，过后再对接为整面；遇到较大地质构造时，需要做各种比较，以权衡利弊，若强行通过地质构造代价太大，则应搬迁工作面。

由于炮采和普采工作面机动性强，可以通过较简单的方法通过各种地质构造。本任务主要解决综采工作面如何安全、快速地通过地质构造带。

（一）采煤工作面过断层

1. 工作面过断层的方法

（1）工作面遇断层前的预兆

采煤工作面遇断层前一般有以下预兆：煤（岩）层的走向、倾向发生明显变化：顶、底板的完整程度破坏严重、裂隙增多；煤质变软、光泽变暗、煤层层理不清；有时还有滴水和瓦斯涌出量增多的现象。

（2）综采工作面过断层的方法

1）搬家跳采。当工作面中部、端部遇落差较大、走向较长的垂直断层或斜交断层时，为躲过断层影响区，可在工作面前方重新掘开切眼，工作面设备搬迁到新切眼后继续向前推进。

2）开掘绕巷。当工作面端部遇到难以通过的断层时，在探明断层影响范围后，开掘绕道缩短工作面长度，甩掉断层影响区。

3）放弃综采。当综采工作面设计因断层等地质构造影响难以实现时，或综采工作面开采过程中发现难以通过的断层时，可以放弃综采开采方法，改用其他方法开采。

4）直接通过。当断层落差小于煤层厚度和支架最小支撑高度之差，断层影响范围小于 30m，断层处围岩的硬度系数 $f<10$ 时，工作面可以直接通过断层。

5）割顶底板通过。若断层落差大于二者之差，可用采煤机截割顶底板岩石通过断层；当顶底板岩层坚硬、采煤机截割不动时，则可采用爆破方法挑顶或下切穿过断层。

2. 综采工作面过断层的措施

综采工作面通过断层时，应采取下列技术安全措施。

（1）调整工作面与断层线的夹角

如果工作面与断层线互相平行或夹角小，则断层在工作面的暴露范围大，顶板难以维护；工作面与断层线夹角大，则通过断层带的时间长，但暴露面积小，顶板易维护。为了使断层与工作面交叉面积尽量小，有时可在通过断层前预先调整工作面，使其与断层保持一定夹角。一般认为，对于中等稳定以上顶板，工作面与断层线夹角以 20° ~30° 为宜；对于不稳顶板，工作面与断层线夹角可调到 30° ~45° 。但这将使工作面长度加长，也给生产带来了不利影响或增加了三角煤损失。采用这种方法时，应根据具体条件将诸因素综合考虑，选定一个较好方案。

（2）处理断层处的岩石

当断层岩石硬度系数 f<4 时，可用采煤机直接截割，但采煤机牵引速度应控制在 2~3m/min。当断层岩石硬度系数 f>4 时，则采用打浅眼、少装药、放小炮的爆破方法，预先挑顶或挖底。打眼时，要选择好炮眼的位置和角度，爆破时要在支架前悬挂挡矸胶带，必要时还需在液压支架的立柱外面套上胶皮防护筒，防止崩坏立柱及千斤顶。炮烟对支架支柱表面的镀层腐蚀性较大，尤其是对镀铜层的影响更大。因此，有的矿不采用爆破方法，而是用风镐处理断层处的岩石。

（3）液压支架通过断层措施

过断层时，液压支架要下俯斜或上仰斜移动，俯斜或仰斜的角度以 10° ~20° 为宜，最大不要超过 15° ~16° 。如果断层处煤层在工作面推进方向的上方，则用截割方法逐步制顶或割底；岩石硬时用爆破的方法挑顶或挖底，使支架按选定的仰斜坡度逐步通过断层。如果断层在工作面推进方向的下方，则可用截割或爆破的方法挖底，尽量不挑顶，使支架按选定的俯斜坡度通过断层。由于断层区的顶板比较破碎，因此用掩护式支架和支撑掩护式支架比支撑式支架更为有利。液压支架过断层时应随时注意支架的工作状况，防止歪斜倒架，及时采取防倒措施。

（4）断层顶板控制

1）在断层区域内移架的措施。采用隔一架移一架的移架方式；随采煤机前滚筒割煤立即移架；掩护式或支撑掩护式液压支架可采用带压擦顶前移，不要降柱太多，尽量减少顶板松动。

2）超前打锚杆支护，超前打锚杆锚固顶板，打木锚杆锚固煤壁，防止煤壁片脱落。

3）抬棚支护为防止冒顶和处理冒顶，要控制顶板暴露面积不要过大，支架要超前支护。如果不能超前支护，要在支架前方架抬棚，抬棚上用两梁接顶，抬棚用两柱支撑。移架时可先移中间的支架，用前探梁托住抬棚，再分别拉两边的支架。处理冒顶时，在冒顶处的两端冒高较低，从架棚比较安全的地方往中间逐步架超前棚和超前梁，棚梁上木垛接顶。

4）采用锚杆或化学加固方法加固破碎顶板。

（二）综采面过其他地质构造

1. 过陷落柱

陷落柱在某些矿区，是由含煤地层深部石灰岩溶洞塌陷而形成的。陷落柱在煤层中呈隐伏状态，内部充填各种破碎岩石，其长轴可达 8~200m，周围伴生小断层，并使地层起伏，影响范围可达 8~20m。

对陷落柱首先应加强地质预测，其分布多集中在背斜轴附近。区段巷掘出后，安设无线电坑透仪进行透测，发现疑点打钻再探，确定尺寸大小、方位及影响范围，进而制订出相应的技术措施。对面积较大的陷落柱，一般采用绕过的方法。但是，这种方法比较麻烦，影响工作面布置，遗留大量边角煤，增加了综采面设备的拆迁次数，因此只适用于面积大的陷落柱。当工作面遇到直径小于 30m 的陷落柱时，视陷落柱的岩性，一般可以采用强行通过的方法。其步骤如下：采用控制爆破、采煤机清矸的方法；在工作面陷落柱范围内降低采高，所降低的高度以工作面能通过的最小高度为限，做到既减少采矸量又使支架不会被压死；陷落柱地段与工作面正常地段之间，保持一段采高逐渐变化的长度，以使支架和输送机能够适应；陷落柱两侧的工作面正常地段，可提前移架；陷落柱范围内适当滞后移架，用铁管或木板梁一端插入岩壁，另一端搭在支架前梁上的方法进行特殊支护，采煤机清矸后要立即移架，以防漏矸。采煤机清矸时，应当采用小步距、多循环的方法，以减少顶板的暴露面积。

2. 过褶曲带

机采工作面过褶曲带的方法比较简单，当采区内有大褶曲时，应使工作面的推进方向垂直于背、向斜轴，使工作面内沿煤壁方向没有大的起伏，有利于液压支架处于良好工作条件。通常，小的褶曲带主要表现为煤层局部变薄、变厚、变倾角等，但煤层及顶底板并不十分破碎。因此，可用采煤机适当下切或留底割顶，使顶底板形成缓和的曲面，以便设备通过。

（三）综采工作面过旧巷

按空巷与工作面相对应的空间位置，可分为本层空巷、上层空巷和下层空巷 3 种。

1. 空巷的特征及过空巷的原则

空巷多受采动影响，均有不同程度的变形与破坏。支护变形、支柱插底、巷内未回收的残留杂物等，会给工作面生产带来极其不利的影响。有些空巷废弃后积聚水、瓦斯和其他有害气体。工作面与空巷沟通后极易造成工作面通风系统紊乱，甚至风流短路。

鉴于上述不利因素，过空巷时，首先应通入新鲜风流，冲淡空巷内积聚的有害气体、排放积水，回收空巷内杂物。对年久失修的空巷，应事先修复，加大支护密度。当空巷位于本煤层时，空巷修复的高度应与工作面采高一致。空巷位于工作面顶板岩层时，应采取架木垛、打密集支柱的办法做成假顶，使上覆岩层压力均匀传递到工作面支架上。空巷位于底板岩层中时，应把空巷填实封严，以防止支架通过时下陷。

2. 过本层空巷

（1）首先使空巷沟通新鲜风流，冲淡积聚的有害气体，排放积水，回收空巷内杂物。

（2）在工作面超前压力之前，对空巷进行修复，修复巷道内原有的支架，架设与工作面垂直的抬棚。加强支护强度，空巷维护高度要与工作面支架及采高相适应。处理空巷的底鼓区域，清理底煤，保持足够的维护空间。若空巷与工作面斜交，应使工作面下部先通过空巷；如果空巷与工作面平行，最好先调整工作面推进方向，使之与空巷有一定的夹角，以逐段通过空巷。当支架移架时，顶梁及时托住抬棚梁。如果顶板破碎，可在前探梁上放置 1~3 根顺山梁，托住几架抬棚。

第六章　煤矿安全管理体系建设

第一节　概述

煤炭是我国国民经济和社会发展的基础，我国的能源结构现状决定了煤炭在今后一段时期将一直处于主导地位。可以预见，在未来几十年内煤炭仍将是我国的主要能源，具有不可替代性。但同时，煤矿生产环境的特殊性和多变性，致使煤矿行业成为一个高危险行业，发生事故的概率非常高。

近年来，随着国家的大力投入监督以及煤矿企业自身管理的规范，我国煤矿安全形势有了明显的改观，但与美国等发达国家相比还存在着很大的差距。

一、安全哲学原理

安全哲学的发展是建立安全生产活动和事故预防实践的基础。特定的时代，具有特定的生产方式和技术水平，客观上决定了与此相适应的安全认识论和方法论。

1. 我国安全生产方针的哲学理解

“安全第一、预防为主、综合治理”一直是我国安全生产的基本方针。预防为主的理论可以反映在以下七个方面。

（1）历史学的角度

17 世纪以前，人们对安全的认识是宿命的，方法论是被动承受型的。17 世纪末到 21 世纪，人类的安全认识提高到经验水平，方法论有了“事后弥补”的特征。这种由被动到主动、由无意识到有意识的转变经历了漫长的年代。20 世纪初到 50 年代，随着工业社会的发展和科学技术的进步，人类的安全认识进入了系统论阶段，从而在方法论上能够推进安全生产和安全生活的综合型对策，进入了近代安全文化阶段。20 世纪 50 年代以后，高新技术被不断利用，人类的安全认识进入了本质论阶段，超前预防型成为现代安全文化的主要特征。这种高新技术领域的安全思想和方法论推进了传统产业和技术领域的安全手段和对策的进步。因此，预防为主是安全史学总结出来的、最基本的安全生产策略和方法。

（2）基于安全文化的理论

根据安全原理，事故相关的人、机、环境、管理四要素中，“人因”是最为重要的。因此，建设安全文化对于保障安全生产有着重要和现实的意义。从安全文化的角度看，人的安全素质包括人的安全知识、安全技能和安全意识，甚至包括人的观念、态度、品德、伦理、情感等更为基本的人文素质层面。安全文化建设要提高人的基本素质，需要从人的深层的、基本的安全素质入手。这就要求进行全民安全文化建设，建立大安全观的思想。安全文化建设包含安全科学建设、发展安全教育、强化安全宣传、提倡科学管理、建设安全法制等精神文化领域，同时也涉及优化安全工程技术、提高本质安全化等物质文化方面。因此，安全文化建设对人类的安全手段具有系统性意义。

由此可见，预防型的安全文化是人类现代安全行为文化最重要、最理性的安全活动方式。

（3）基于系统科学的观点

保障安全生产要通过有效的事故预防来实现。在事故预防过程中，涉及两个系统对象。

一是事故系统，其要素是：人，人的不安全是事故最直接的因素；机，机器的不安全状态也是事故产生的直接因素；环境，生产环境的不良影响人的行为，同时对机械设备产生不良作用；管理，管理的欠缺。

其中最重要的因素是管理，因为管理对人、机、环境都会产生作用和影响。

二是安全系统，其要素是：人，人的安全素质（心理与生理素质、安全能力素质、文化素质）；物，设备与环境的安全可靠性（设计安全性、制造安全性、使用安全性）；能量，生产过程能的安全作用（能的有效控制）；信息，充分可靠的安全信息流（管理效能的充分发挥）是安全的基础保障。

认识事故系统因素，使我们对防范事故有了基本的目标和对象。但是要提高对事故的防范水平，建立安全系统才是最有意义的。认识事故系统要素，对指导我们通过打破事故系统来保障人类的安全具有实际意义。这种认识带有事后型的色彩，是被动的、滞后的，而从安全系统的角度出发，则具有超前和预防的意义。因此，从建设安全系统的角度来认识安全原理更具有理性的意义，更符合科学性原则。

根据安全系统科学的原理，预防为主是实现系统（工业生产）本质安全化的必由之路。

（4）依据安全经济学的结论

安全经济学研究的最基本的内容是安全的投资或成本规律、安全的产出规律、安全的效益规律等基本问题。安全经济学研究成果表明，人们认识的安全经济规律有：事故损失占 GNP（国民生产总值）的 2.5%；发达国家的安全投资占 GNP 的 3.3%，我国现阶段的安全投资占 GNP 的 1.2%，合理条件下的安全投入产出比是 1 ∶ 6，安全生产贡献率达 1.5%~6%；预防性投入效果与事后整改效果的关系为 1 ∶ 5。

预防型投入与事故整改的关系及安全效益金字塔法则都表明，预防型的投入产出比高于事后整改的产出比。

（5）工业安全实践的证明

应用安全评价理论，对一般工业安全措施实践的安全效益进行科学合理的评估，得到安全效益的金字塔法则，其结论是：系统设计 1 分安全性 =10 倍制造安全性 =1000 倍应用安全性。由此可见，超前预防型效果优于事后整改型效果。因此，主张在设计和策划阶段要充分地重视安全，落实预防为主的策略。

（6）根据事故致因理论

根据事故理论的研究，事故具有三种基本性质。

1）因果性。工业事故的因果性是指事故是由相互联系的多种因素共同作用的结果，引起事故的原因是多方面的，在伤亡事故调查分析过程中，应弄清事故发生的因果关系，找到事故发生的主要原因，才能对症下药。

2）随机性与偶然性。事故的随机性是指事故发生的时间、地点以及产生的严重后果是偶然的。这说明事故的预防具有一定的难度。但是，事故这种随机性在一定范畴内也遵循统计规律。从事故的统计资料中可以找到事故发生的规律性。因而，事故统计分析对制定正确的预防措施有重大的意义。

3）潜在性与必然性。表面上，事故是一种突发事件。但是事故发生之前有一段潜伏期。在事故发生前，人、机、环境系统所处的状态是不稳定的。也就是说，系统存在着事故隐患，具有危险性。如果这时有一触发因素出现，就会导致事故的发生。在工业生产活动中，如果企业较长时间内未发生事故，一旦麻痹大意，就会忽视事故的潜伏性，这是工业生产中的思想隐患，是应予克服的。

上述事故特征说明了一个根本的道理，现代工业生产系统是人造系统，这种客观实际给预防事故提供了基本的前提。所以，任何事故从理论和客观上讲，都是可预防的。因此，人类应该通过各种合理的策略和努力，从根本上消除事故发生的隐患，把工业事故的发生降到最小限度。

（7）基于国际安全管理的潮流

在企业的安全管理策略上推行预期型管理：在企业安全管理过程中采用无隐患管理法、安全目标管理法，以及推行行为抽样管理技术，对重大工程项目进行安全预评价，对一般技术项目推行预审制，企业对于重大危险源进行监控和建立应急预案。这些做法都是国际安全生产管理的潮流。

2. 从历史学角度认识安全哲学

从历史学的角度，人类安全哲学的发展进程经历了四个阶段。

（1）宿命论与被动型的安全哲学

这种安全认识论与方法论的表现：对于事故听天由命，无能为力，认为命运是由老天安排的，事故是对生命的残酷践踏，但人类自身却无所作为，人类对事故只能是被动地接受，人类的生活质量无从谈起，生命和健康价值被磨灭。

（2）经验论和事后型的安全哲学

随着生产力的提高，生产和生活方式逐步改变。人类从农牧业进入了早期的工业化社会——蒸汽机时代。由于事故与灾害的复杂多样和事故严重性不断扩大，人类进入了局部安全认识阶段。在哲学上的表现，建立在事故与灾难的经历上来认识人类安全，人类有了与事故抗争的意识，学会了“亡羊补牢”的手段，是一种“头痛医头、脚痛医脚”的对策方式，事故统计学的致因理论研究，事后整改对策的完善，管理中的事故赔偿与事故保险制度逐步完善。

（3）系统论与综合型的安全哲学

建立了事故系统的综合认识，认识到人、机、环境和管理等事故的要素，主张工程技术与教育、管理相结合的综合措施。具体的思想和方法包括：全面安全管理的思想；安全与生产技术统一的思想；推行系统安全工程；企业、国家、工会、个人综合负责的体制；生产与安全的管理中要同时计划、布置、检查、总结、评比的“五同时”原则，企业各生产领导在安全生产方面向上级、向职工、向自己的“三负责”制度；安全生产过程中要查思想认识、查规章制度、查管理落实、调查设备和环境隐患，进行定期与不定期检查相结合，调查与专项检查相结合，自查、互查、抽查相结合，生产岗位每天查、班组车间每周查、厂级季度查、公司年度查等制度定项目、定标准、定指标，定性与定量相结合的安全监察系统工程。

（4）本质论与预防型的安全哲学

进入信息时代，高新技术被人类不断利用，人类在安全认识上有了组织思想和本质安全论的认识，方法论上讲求安全的超前、主动。基本表现为：从人与机器、环境的本质安全入手，人的本质安全不但要解决人的知识、技能、意志、素质，还要从人的观念伦理、情感、态度、认知、品德等人文素质入手。坚持安全文化建设的思路。物和环境的本质安全就是要采用先进的安全科学技术，推广自组织、自适应、自动控制与闭锁的安全技术。研究人、物、能量信息的安全系统、安全控制和安全信息。技术项目中要遵循安全措施与技术设施同时设计、同时施工、同时投产的“三同时”原则。企业在考虑经济发展、机制转换和技术改造时，安全生产方面要同时规划、发展，同时实施。进行不伤害他人、不伤害自己，不被别人伤害的“三不伤害”活动。开展整理、整顿、清扫、清洁、态度的“5S”活动。生产现场的工具、设备、材料、工件等物流与工人行动路线进行定制管理，对生产现场的危险点和事故多发点实行“控制工程”。推行安全目标管理、无隐患管理、安全经济分析、危险预知活动、事故判定技术等安全系统工程。

二、安全系统科学原理

系统科学是研究系统一般规律、系统结构和系统优化的科学，它对管理也具有一般方法论的意义。因此，系统科学最基本的理论，即系统论、控制论和信息论，对现代企业的安全管理具有基本的理论指导意义。从系统科学基本原理出发，用系统论来指导认识安全管理的要素、关系和方向，用控制论来论证安全管理的对象、本质、目标和方法，用信息论来指导安全管理的过程、方式和策略。通过安全系统理论和原理的认识和研究，能够提高现代企业安全管理的层次和水平。

1. 安全系统论原理

系统原理就是运用系统理论对管理进行系统分析，以达到科学管理的优化目标。系统原理的掌握和运用对提高管理效能有重大作用。掌握和运用系统原理必须把握系统理论和系统分析。

（1）系统基本理论

系统理论是指把对象视为系统进行研究的一般理论。其基本概念是系统要素。系统是指由若干相互联系、相互作用的要素所构成的有特定功能与目的的有机整体。系统按其组成性质分为自然系统、社会系统、思维系统、人工系统、复合系统等，按系统与环境的关系分为孤立系统、封闭系统和开放系统。

（2）系统分析

系统分析是就如何确定系统的各组成部分及相互关系，使系统达到最优化而对系统进行的研究。它包括六个方面：了解系统的要素，分析系统是由哪些要素构成的；分析系统的结构，研究系统的各个要素相互作用的方式是什么；弄清系统的功能；研究系统的联系；把握系统的历史；探讨系统的改进。

（3）安全系统的构成

从安全系统的动态特性出发，人类的安全系统是人、社会、环境、技术、经济等因素构成的大协调系统。无论从社会的局部还是整体来看，人类的安全生产与生存需要多因素的协调与组织才能实现。安全系统的基本功能和任务是满足人类安全地生产与生存以及保障社会经济生产发展的需要，因此安全活动要以保障社会生产、促进社会经济发展、降低事故和灾害对人类自身生命和健康的影响为目的。为此，安全活动首先应与社会发展基础、科学技术背景和经济条件相适应和协调。安全活动的进行需要经济和科学技术等资源的支持，它既是一种消费活动（以生命与健康安全为目的），也是一种投资活动（以保障经济生产和社会发展为目的）。

（4）安全系统的优化

可以说，安全科学、安全工程技术学科的任务就是为了实现安全系统的优化。特别是安全管理，更是控制人、机、环境三要素，以及协调人、物、能量、信息四元素的重要工具。

2. 安全控制论原理

安全控制是最终实现人类安全生产和安全生活的根本。如何实现安全控制？怎样才能实现高效的安全控制？安全控制论原理为我们问答了上述问题。

（1）控制原则

闭环控制原则，要求安全管理要讲求目的性和效果性，要有评价；分层控制原则，安全的管理和技术实现的设计要讲求阶梯性和协调性；分级控制原则，管理和控制要有主次，要讲求单项解决的原则；动态控制性原则，无论技术上还是管理上都要有自组织、自适应的功能；等同原则，无论是从人的角度还是物的角度，必须是控制因素的功能大于和高于被控制因素的功能；反馈原则，对于计划或系统的输入要有自检、评价、修正的功能。

（2）预防事故的能量控制理论

其理论的立论依据是对事故的本质定义，即事故的本质是能量的不正常转移。这样，研究事故控制的理论则从事故的能量作用类型出发，研究机械能（动能、势能）、电能、化学能、热能、声能、辐射能的转移规律。研究能量转移作用的规律，即从能级的控制技术研究能量转移的时间和空间规律。预防事故的本质是能量控制，可通过对系统能量的消除、限值、疏导、屏蔽、隔离、转移、距离控制、时间控制、局部弱化、局部强化、系统闭锁等技术措施来控制能量的不正常转移。

3. 安全信息论原理

安全信息是安全活动所依赖的资源。安全信息论原理要研究安全信息的定义、类型，研究安全信息的获取、处理、存储、传输等技术。安全信息类型分为一次安全信息和二次安全信息。一次安全信息指生产和生活过程中的人、机、环境客观安全性，以及发生事故后的现场。二次安全信息包括安全法规、条例、政策、标准，安全科学理论、技术文献，企业安全规划、总结分析报告等。安全信息流技术首先要认识生产和生活中的人—人信息流、人—机信息流、人—环信息流、机—环信息流等。安全信息动力技术涉及系统管理网络、检验工程技术、监督、检查、规范化和标准化的科学管理等。

三、安全管理科学原理

安全管理科学首先涉及的是常规安全管理，有时也称为传统安全管理，如安全行政管理、安全监督检查，安全设备设施管理、劳动环境及卫生条件管理、事故管理等管理制度，以及安全生产方针、安全生产工作体制、安全生产五大原则、全面安全管理“三负责制”、安全检查制、“四查工程”、安全检查表技术、“0123 管理法”、“01467”管理法等综合管理方法；也包括“5S”活动、“五不动火”管理、审批火票的“五信五不信”“四查五整顿”“巡检挂牌制”、防电气误操作“五步操作管理法”、人流物流定置管理、三点控制，八查八提高活动、安全班组活动、安全班组安全建设等生产现场微观安全管理技术。随着现代企业制度的建立和安全科学技术的发展，现代企业更需要发展科学、合理、有效的现代安全管理方法和技术。现代安全管理是现代社会和现代企业实现现代安全生产和安全生活的必由之路。一个具有现代技术的生产企业必然需要与之相适应的现代安全管理科学。目前，现代安全管理是安全管理体系中最活跃、最前沿的研究和发展领域。

现代安全管理工程的理论和方法有安全哲学原理、安全系统论原理、安全控制论原理、安全信息论原理、安全经济学原理、安全协调学原理、安全思维模式原理、事故预测与预防原理、事故突变原理、事故致因理论、事故模型学、安全法制管理、安全目标管理、无隐患管理、安全行为抽样技术、安全经济技术与方法、安全评价、安全行为科学、安全管理的微机应用、安全决策、事故判定技术、本质安全技术、危险分析方法、风险分析方法、系统安全分析方法、系统危险分析、故障树分析、PDCA 循环法、危险控制技术、安全文化建设等。

1. 安全管理思维模式原理

建立在“经历”方式上的学习和进步是痛苦的方式，而只有通过“沉思”的方式来学习，才是最高明的。当然，人类还可以通过“模仿”来学习和进步，这是最容易的。由此思维模式中，我们感悟到：人类在对待事故与灾害的问题上，千万不要试求通过事故和灾害的经历才得以明智，因为这对于人类社会或个人家庭来说都太痛苦。应该掌握正确的安全思维模式，从理性与原理出发，通过“沉思”来防范和控制事故和灾害，至少要选择“模仿”之路，学会向先进的国家和行业学习，这才是正确的思想方法。

2. 安全组织保障原理

遵循安全组织机构合理设置，安全机构职能的科学分工，安全管理体制协调高效，管理能力自组织发展，安全决策和事故预防决策有效、高效，事故应急管理指挥系统具有功能和效率等方面的原则。

3. 专业人员保障系统的原理

遵循专业人员的资格保证机制：通过发展学历教育和设置安全工程师职称系列，对安全专业人员提出具体严格的任职要求，建立兼职人员网络系统，企业内部从上到下（班组）设置全面、系统、有效安全的管理组织网络等。

4. 安全经济投资保障机制

需要研究安全投资结构的关系：个人防护品费用从 1 ∶ 2 逐步过渡到 2 ∶ 1；工业卫生费用从 1.5 ∶ 1 逐步过渡到 1 ∶ 1；正确认识预防性投入与事后整改投入的等价关系为 1 ∶ 5。这些安全经济的基本定量规律是指导安全经济活动的基础。要研究和掌握安全措施投资政策和立法，讲求谁需要、谁受益、谁投资的原则，建立国家、企业、个人协调的投资保障系统。要进行科学的安全技术经济评价，进行有效的风险辨识及控制、事故损失测算，建立保险与事故预防的机制，推行安全经济奖励与惩罚，安全经济（风险）抵押等方法。

现代安全管理的意义和特点在于，要变传统的纵向单因素安全管理为现代的横向综合安全管理；变传统的事故管理为现代的事件分析与隐患管理（变事后型为预防型）；变传统的被动的安全管理对象为现代的安全管理动力；变传统的静态安全管理为现代的安全动态管理；变过去企业只顾生产经济效益的安全辅助管理为现代的效益、环境、安全与卫生的综合效果的管理；变传统的被动、辅助、滞后的安全管理模式为现代主动、主导、超前的安全管理模式；变传统的外迫型安全指标管理为内激型的安全目标管理（变次要因素为核心事业）。

四、事故预防原理

工业社会的进步推动了人类事故预防的科学发展。在工业社会初期，人类对事故的防范可以说是无能为力，直到 20 世纪 30 年代，美国著名的安全工程师海因里希发表了事故致因理论的研究成果，并以此奠定了事故学理论的基础，为近代工业安全做出了非凡贡献。

事故学理论的认识论：事故学理论的基本出发点是事故，以事故为研究的对象和认识的目标，认识论的主要内容是经验论与事后型的安全哲学，其建立在事故与灾难的基础上来认识安全，是一种逆式思路（从事故后果到事件原因）。方法论的主要特征在于被动与滞后，是“亡羊补牢”的模式，突出表现为一种“头痛医头、脚痛医脚、就事论事”的对策方式，事故学的理论系统基于以事故为研究对象的认识，形成和发展了事故学的理论体系。

1. 事故分类学

按管理要求的分类法，如加害物分类法、事故程度分类法、损失工日分类法、伤害程度与部位分类法等；按预防需要的分类法，如致因物分类法、原因体系分类法、时间规律分类法、空间特征分类法等。

2. 事故模型论

事故模型论包括因果连锁模型（多米诺骨牌模型）、综合模型、轨迹交叉模型、人为失误模型、生物节律模型、事故突变模型等。

3. 事故致因理论

完善形成了事故致因理论，包括事故频发倾向论、能量意外释放论、能量转移理论、两类危险源理论。

4. 事故预测理论

认识事故的本质，事故是一种小概率事件，具有随机现象的特征，需要用大数法则来进行研究。对事故进行预测线性回归理论、趋势外推理论、规范反馈理论、灾变预测法、灰色预测法等。

5. 事故预防理论

生产事故的预防通常有三大对策，也称“3E”对策。第一，工程技术对策。以物态本质安全化为目标，通过运用新的技术工艺和设备，推行先进的安全设施和装置，强化应急救援系统等工程技术的方式，来提高系统的安全可靠性。第二，安全教育对策，通过各种教育手段提高人的安全素质，以减少人为事故。第三，管理工程对策，通过各种管理手段，提高生产技术、环境及人的综合安全性水平，以期预防事故发生。

在上述思想认识的基础上，事故学理论的主要导出方法是事故分析（调查、处理、报告等）、事故规律的研究、事后型管理模式，并为此制定了一些方针政策，如“四不放过”原则（发生事故后原因未查明不放过、周围人员未受到教育不放过、措施未落实不放过、责任人员未受到处理不放过）、建立在事故统计学上致因理论的研究、事后整改对策、事故赔偿机制与事故保险制度，等等。事故学理论对于研究事故规律、认识事故本质，从而对指导预防事故有重要意义，在长期的事故预防与保障人类安全生产和生活过程中发挥了重要作用，是人类安全活动实践的重要理论依据。但是，目前仅停留在对事故学的研究上，由于现代工业固有的安全性在不断提高，事故频率逐步降低，建立在统计学上的事故理论随着样本的减少使理论本身的发展受到限制；同时由于现代工业对系统安全性要求不断提高，直接从事故本身出发的研究思路和对策，其理论效果也不能满足新的要求。

五、煤矿风险预控管理体系

1. 风险预控管理指导思想

坚持“安全第一、预防为主、综合治理”的方针，树立“生命至上、以人为本”的理念，加强安全基础管理，实施“风险预控管理体系”，从根本上提高安全管理模式和水平，杜绝较大责任事故发生，实现安全生产形势的根本好转。

2. 风险预控管理的含义

风险预控管理是指在一定的经济与技术条件下，在煤矿全生命周期过程（设计、建设、生产、扩建等）中对系统中已知规律的危险源进行预先辨识、评价、分级，进而对其进行消除、减小、控制，通过煤矿“人—机—环—管”的最佳匹配，杜绝有人员伤亡的责任事故，使各类事故造成的损失降低到人们期望值和社会可接受水平的闭环风险管理过程。

3. 适用范围

煤矿风险预控管理体系适用于我国所有在建和生产煤矿安全管理。

4. 相关术语

（1）危险源：可能造成人员伤亡或疾病、财产损失、工作环境破坏的根源或状态。

（2）风险：某一事故发生的可能性及其可能造成的损失的组合。

（3）危险源辨识：认识危险源的存在并确定其可能产生的风险后果的过程。

（4）风险评估：评估风险大小以及确定风险是否可接受的全过程。

（5）风险预控：根据危险源辨识和风险评估的结果，通过制定相应的管理标准和管理措施，控制或消除可能出现的危险源，预防风险出现的过程。

（6）危险源监测：在生产过程中对已辨识出的危险源进行监测、检查，并及时向管理部门反馈危险源动态信息的过程。

（7）风险预警：对生产过程中已经暴露或潜伏的各种危险源进行动态监测，并对其风险大小进行预期性评价，及时发出危险预警指示，使管理层可以及时采取相应措施的活动。

（8）不安全行为：指一切可能导致事故发生的行为。

（9）煤矿风险预控文化：煤矿风险预控文化是以风险预控为核心，体现“安全第一、预防为主、综合治理”的精神，并为广大员工所接受的安全生产价值观、安全生产信念、安全生产行为准则以及安全生产行为方式与安全生产物质表现的总称，是煤炭企业安全生产的灵魂所在。

（10）煤矿风险预控管理：指在一定经济技术条件下，在煤矿全生命周期过程中对系统中已知的危险源进行预先辨识、评价、分级，进而对其进行消除、减小、控制，实现煤矿人—机—环系统的最佳匹配，使事故降低到人们的期望值和社会可接受水平的风险管理过程。

（11）管理对象：是管理对象单元的一种划分，是对危险源的总结和提炼，通过管住管理对象实现对危险源的控制或消除。

（12）管理标准：是一种标尺，是管理对象管到什么程度就可以消除或控制危险源风险的最低要求。管理（对象）标准可以按照国家有关标准、行业标准和企业标准从严制定。

（13）管理措施：指达到管理标准具体方法、手段。

（14）管理体系：建立方针和目标并实现这些目标的体系。

5. 煤矿风险预控管理体系总要求

煤矿建设风险预控管理首先要结合煤矿自身的经济技术条件，尽量做到选用先进设备、合理工艺、科学的开拓布局和经济的资源开采，人员整体素质要不断提高，各环节做到科学、合理和优化，所有这些都有助于煤矿进行风险预控体系建设，而且有助于提高煤矿的风险预控可靠性。

（1）体系目标

风险预控管理的目标是通过以预控为核心的、持续的、全面的、全过程的、全员参加的、闭环式的安全管理活动，在生产过程中做到人员无失误、设备无故障、系统无缺陷、管理无漏洞，进而实现人员、机器设备、环境、管理的风险预控，切断安全事故发生的因果链，最终实现杜绝已知规律、酿成重大人员伤亡的煤矿生产事故发生的煤矿安全生产目标。

（2）体系定位

风险预控管理体系定位为：符合我国国情，以切断事故发生的因果链为根本目标，以预控为核心，以危险源辨识和风险预控管理标准、管理措施为基础，与传统安全管理相比更有效、更科学、更系统的管理，使我国煤矿安全状况得到根本改善，达到国际先进安全管理水平。

6. 煤矿风险预控管理体系组成

煤矿风险预控管理体系主要包括风险管理、人员不安全行为管理与控制、组织保障管理、煤矿风险预控管理评价和煤矿风险预控管理信息系统。

（1）风险管理

煤矿风险预控管理的理想目标是实现煤矿的安全生产，将风险降到最低，最终达到杜绝责任事故。减少非责任事故的目的风险管理过程包括：危险源辨识、风险评估、管理标准与措施制定、危险源监测、风险预警、风险控制。

危险源辨识是在煤矿安全事故机理分析的基础上，结合本企业实际的人员配备条件、机器装备条件、自然地质条件等，综合运用事故树分析法、安全检查表、问卷调查法、标准对照法以及工作任务分析等危险源辨识方法，系统地辨识存在于煤矿上的危险源及其起因和后果。危险源辨识是煤矿风险预控管理的前提和基础，只有找到危险源才能确定管理对象，进而建立煤矿风险预控管理体系、管理标准体系，并制定相应的管理措施、政策和程序。风险预控管理要求煤矿建立危险源辨识的方法体系和煤矿危险源辨识的内容（如人的不安全因素危险源辨识、机器设备的不安全因素危险源辨识、环境的不安全因素危险源辨识、管理制度的不安全因素危险源辨识等）。

风险评估就是运用一定的方法来衡量风险发生的可能性大小及其可能造成的损失大小，此过程是对风险（也是对危险源）进行分级分类管理的过程，包括危险源的监测和监控。风险评估的另外一层含义是危险源根据动态信息检测对危险源的安全风险程度进行定量评价，以确定特定风险发生的可能性及损失的范围和程度，进而进行风险预警和预控。

在管理标准和管理措施的制定过程中，首先需要根据危险源辨识（风险识别）结果，提炼出具体的管理对象，通过管住管理对象来实现对危险源的控制。制定管理对象的管理标准和管理措施的目的是根据事故发生的机理，运用系统的方法，通过适当的管理标准和措施切断事故发生的因果链，从而将风险消除、降低或控制在可以承受的范围之内。风险预控管理标准是处于安全状态的条件，是衡量管理人员安全管理工作是否合格的准绳，是管理工作应达到的最低要求。有了管理标准，还需要有相应的管理措施来进一步说明如何做，从而达到要求，并且运用适当的方法使单位的每名员工明确其职责权限及范围，它是员工安全行为的指南。风险预控管理要求管理标准和管理措施要全面覆盖煤矿的所有危险源。具体地，管理标准应做到“每一条已知规律的风险产生原因，都应有相应的管理标准予以消除”；管理措施应能够做到“只要员工按照管理措施要求，尽职尽责，每一条管理标准都能够得到落实”。

（2）人员不安全行为控制与管理

人员不安全行为也是一种危险源，本部分主要是根据人员不安全行为产生机理，对人员不安全行为进行分类管理，并制订相应的管理途径和控制方法。

（3）组织保障管理

组织保障是为了顺利实施煤矿风险预控管理体系，煤矿应该设立什么样的组织机构、岗位职责、有效的激励约束机制、健全的人员准入和培训机制、良好的安全文化体系等。

（4）煤矿风险预控管理体系评价

对煤矿本质风险预控管理系统的运行情况应进行监管，进行定期和不定期的评价和考核，以确保管理体系能够达到煤矿风险预控管理的要求。煤矿风险预控管理评价是检验煤矿风险预控管理系统运行的效果，通过评价判别是否达到了煤矿风险预控管理的目标，同时找出煤矿风险预控管理存在的问题，针对问题提出改进建议，不断完善风险预控管理系统，不断杜绝由于人为的、已知规律的、可控的因素而导致的事故，逐渐减少煤矿重大和特大事故的发生，实现煤矿管理的长效安全。煤矿风险预控管理要求对监督、评价过程中发现的问题、缺陷及时向上级报告，相关部门应及时对管理体系进行改进、完善。

（5）信息系统

煤矿的各个层级都需要借助信息来识别、评估和应对安全风险。第一，信息系统应搜集翔实的生产安全信息，包括危险源信息、风险程度信息、风险应对信息、生产作业信息、地质条件信息、环境信息、政策落实执行信息、管理系统运行信息、监管报告等；第二，应具有有效、畅通的信息沟通渠道，保证信息传递的及时性、全面性、连续性，针对性；

第三，信息系统要保证决策者能够及时获得决策所需的各类相关信息；第四，管理层与员工之间应具备上下交流的通畅渠道，以便于管理政策的全面贯彻及实施情况的及时和准确反馈。

7. 煤矿风险预控管理体系手册

手册是风险预控管理体系的重要组成部分，是体系信息及其载体。在体系运行过程中，文件起着规范、指导、培训、证实等作用。

煤矿风险预控管理体系手册包括:《管理手册》《程序文件》《考核评分标准》《风险管理手册》《风险管理标准与管理措施》《员工不安全行为管理手册》《管理制度汇编》《安全文化建设实施手册》。

《管理手册》是风险预控管理体系的纲领性文件。手册中要明确管理方针、目标，描述风险预控管理体系涉及的过程及其相互关系，明确风险预控管理体系总体框架及矿内各层次不同单位、部门的职责和权限。

《程序文件》是《管理手册》的支持性文件，适合矿属单位（部门）和相关单位、岗位和人员对各项事务的管理和运行控制，是有关职能部门使用的文件。各个管理程序运用PDCA的方法建立，规定了相应过程控制的目的、适用范围、职责、控制内容、方法和步骤，各管理程序必须符合实际运作的要求，保证各个过程功能的实现。

《考核评分标准》是检验风险预控管理体系运行效果，判别煤矿是否达到了风险预控管理体系总体要求的综合性评价标准。

《风险管理手册》主要运用工作任务分析法和事故机理分析法对危险源进行辨识，确定危险源可能产生的风险及后果，对危险源进行分级分类，监测预警，主要包含风险概述、工作任务风险管理、系统评估、重大危险源评估、危险源监测、预警、控制、升降级管理等内容。

《风险管理标准与管理措施》针对识别出的危险源，提取管理对象，制定相应的管理标准与管理措施对危险源进行控制，预防事故的发生。通过建立不同管理对象的管理标准与管理措施，指导员工的操作，确定相应人员的监督管理职责。

《员工不安全行为管理手册》通过对生产作业中员工可能出现的主要不安全行为进行梳理，根据不安全行为发生的机理以及行为痕迹、频次，风险等级的不同，制定有针对性的控制措施和相应的管理制度，细化了行为纠正、奖罚考核等全过程管理，杜绝人的不安全行为，从而达到矿井安全生产。

《管理制度汇编》涵盖风险预控管理。组织保障管理、员工不安全行为管理、生产系统安全要素管理和辅助管理等方面的内容，是矿井安全管理合法有序地运作及风险预控管理体系得以顺利实施的保障，适用于矿井的各级管理人员及广大员工使用。具体包括煤矿企业必须建立的管理制度、人员方面的管理制度、设备管理制度、激励与约束管理制度及辅助管理制度。《安全文化建设实施手册》从观念文化、制度文化、行为文化、物态文化四方面明确了安全文化建设的内涵、结构、建设目标、内容与任务，明确了安全文化建设和实施的内容、流程、方法，是构建安全文化的指导性文件。

六、煤矿风险预控管理体系的特点和作用

1. 突出体现了实用性和普遍性的特点

（1）体系给出的是一整套解决问题的思路、方法和途径，适用于我国不同类型、不同规模煤矿的安全管理。例如，体系给出了危险源辨识的思路和方法，而不是给出固定的危险源，因为各煤矿生产工艺不同，地质条件差异也很大，因此影响矿井安全生产的危险源也不同，各煤矿可以根据自身的实际情况辨识实际生产过程中的危险源，进而对其进行控制或消除。例如，权台与上湾煤矿主要危险源不同，权台主要危险源是水害和自然发火等，而上湾主要危险源为顶板与自然发火等。

（2）能够解决煤矿安全管理中的突出问题

在煤矿风险预控管理体系建设和运行过程中，通过危险源辨识和管理对象的提炼，可以明确管理的对象，通过风险评估，可以明确管理的重点，通过危险源的监测和预警，可以明确管理的薄弱环节，通过标准和流程，可以明确管理的依据和途径，通过管理标准和措施的制定，可以使员工不仅知道工作应该如何做而且知道为什么要这样做，解决了落实不下去的问题，通过安全文化的引领，可以有效地促使员工由“要我安全”向“我要安全、我会安全，我能安全”转变。

2. 体现了风险预控的思想

煤矿风险预控管理体系通过全面、系统、具体地辨识危险源，并明确管理对象，制定有针对性的管理标准和管理措施，从源头上解决隐患排查不彻底、管控对象和管控重点不明确的问题，实现了关口前移、超前预控。通过分析评估，确定危险等级，明确安全管理的重点。

3. 管理标准和措施具有很强的针对性和可操作性

风险预控管理体系所涉及的管理标准和管理措施都是通过“自下而上、自上而下”的方法，由现场生产作业人员、技术人员及管理人员共同认定，集中体现了“从实践中来，到实践中去”的特点，所以更具有针对性和可操作性，更易被员工学习和理解，使员工知道怎么干、管理人员怎么管，达到“学有重点，干有标准、管有措施”的目的。

同时，现场员工、区队干部等不同层次人员积极参与危险源辨识和管理标准和管理措施的制定过程。共同研究、共同辨识，保证制定出的标准和措施都能被员工理解和接受，从根本上解决操作人员的培训针对性不强以及“严不起来，落实不下去”的问题。管理标准和管理措施制定出来后按照工作任务和工作岗位，将针对每个作业人员的具体标准和措施制成工作卡片，简单、易学、易掌握。

4. 通过危险源辨识和风险评估，可以增强员工的安全意识

在风险评估过程中，不同岗位、不同层次的人员参与了危险源的辨识，通过贯标使全矿每个员工都知道本岗位的危险源是什么，怎么干才能控制和消除危险源，避免危险源造成严重后果，大大增强了员工的安全意识。

第二节　准备工作

一、事故原因或可能发生的事故分析

（一）事故与人的关系分析

人既是工业事故中的受害者，往往又是肇事者，同时也是预防事故、搞好工业安全生产的主力军。统计表明，人为失误导致的伤亡事故占伤亡事故总数的 70%~90%。在所有导致我国煤矿重大事故的直接原因中，人因所占比率实际上高达 97.67%；重大瓦斯爆炸事故中的人因比率达 96.59%；对国有重点煤矿而言，人因事故比率占 89.02%。国内外学者也在事故致因方面公认事故的首要，关键性因素是人因。大量资料表明，人的不安全行为引起的事故，要比机、环、管理等的不安全因素引起的事故比例高得多。在煤矿事故系统中，人的不安全行为对煤矿安全有着重要的影响。

在人、机、环境构成的大系统中，人处于中心地位，对事故的发生和发展起着至关重要的作用。随着科技进步，系统设备的可靠性不断提高，运行环境极大改善，人作为系统中极其重要的因素，因其生理、心理、社会、精神等特性，既存在一些固有的弱点，又具有极大的可塑性和难以控制性。

影响人的不安全行为的因素很多，其中心理因素是一个不可忽视的重要因素的与事故有关的心理因素主要是人的性格和人的心理状态。

1. 性格与事故的关系

性格是指人在生活过程中所形成的。对现实的稳定的态度以及与之相适应的，习惯化了的行为方式。根据国内外研究得知，作业人员的性格特征与事故有着极为密切的关系。无论技术有多好的操作人员，如果没有良好的性格特征，也会常常发生事故。

（1）事故倾向性与易出事故的性格特征

在现实中，容易发生事故的人总是集中在少数人身上，这种人被称为事故多发者，这种现象叫作事故倾向性。事故倾向者的心理特点是：情绪不稳定，容易焦虑，运动协调不好，注意力不集中、分配不良、过度紧张，易疲劳等。

具有事故倾向性的性格特征主要有：攻击性性格。妄自尊大，骄傲自满，喜欢冒险、挑衅，争强好胜，不采纳别人意见；性情孤僻。这种人固执己见，心胸狭窄，对人冷漠，

人际关系不好；性情不稳定。这种人易受情绪感染、支配，容易冲动，受情绪影响长时间不能平静。具有上述性格特征，对煤矿作业会发生消极的影响。不负责任的人，观察事物粗枝大叶，思考问题轻浮草率，工作敷衍了事；骄傲自满的人，往往过高估计自己的能力，盲目行事，违章操作；情绪易冲动的人，常失去正确的判断能力；自制力差的人，碰到不顺心的事，便失去理智，容易违反运输安全的客观规律；好胜心强的人，往往冒险蛮干，容易逞能、打赌，表现自己，总认为有经验。

（2）煤矿作业人员应具备的性格特征

性格与生产安全有着十分密切的关系，而良好的性格特征是在社会实践中逐步形成的，因此，培养良好的性格，对煤矿安全是非常必要的。煤矿作业人员应当具备以下性格特征：

1）积极的现实态度。对社会具有高度的责任感、义务感和时代感，对集体要关心他人，热爱集体，努力献身事业，对劳动要勤奋负责，对自己应严于律己、谦虚，勇于自我批评。

2）积极的意志特征。有明确的目标，富于坚定性，行动的自觉性，尊重客观规律，独立思考，善于控制自己。在一个较长时期的工作中，不怕任何的挫折，不畏困难，力图实现自己的目标。

3）积极的情绪特征。在情绪的控制方面，能排除各种干扰和影响；在情绪的稳定性方面，不易因琐事而改变情绪性质；在情绪的持续时间方面，体验深厚，持续较久，经常保持愉快的心境。

4）积极的智力特征。深思熟虑，细心谨慎，不草率行事，不轻举妄动。性格是在人与客观事物的相互作用中形成的，是在社会实践活动中产生的，而不是遗传的结果，不是一成不变的。积极的性格特征是可以培养的。社会、家庭、工作岗位、党团组织都影响、塑造着一个人的性格。

为了培养煤矿工人积极的性格特征，可以根据具体情况，采取各种生动活泼、灵活有效的方法，如开展“四有”教育。进行职业道德、法制教育，宣传、表彰先进模范人物，安全知识竞赛，反违章活动竞赛，搞好事故分析，对比行为结果，增强安全意识和责任感等。通过培养煤矿工人积极的性格特征，可以有效地减少人为失误，减少事故，提高系统的安全性。

2. 事故与心理状态的关系

由于人的生理机能的不同，获得信息及处理信息也不同。因为每个人的感觉和头脑各具特色，所以判断也大有差异。每个人经受事故危险的可能性也大不一样，其主要差别就是人的心理状态问题。不良的心理状态往往使操作人员发生差错，酿成事故。

（1）白日梦

当煤矿工人处于白日梦时，尤其是意识迂回较深、发生次数频繁时，就有很大的危险性。在此种心理状态下，几乎看不见或意识不到面前发生的一切。白日梦的心理状态通常是工作或生活中遇到烦恼和不满，从而使精神紧张和压抑。

（2）消极情感与过于兴奋

煤矿工人因工作或生活中遇到令其烦恼的事，如夫妻吵架。与领导或同事闹意见，子女待业、家人生病、经济拮据等，而处于心境不佳、厌烦、焦急、消沉等消极情绪时进行作业，往往引起注意力不集中或心不在焉、不按操作规程作业等具有干扰心理活动的作用，致使矿工反应变慢、行动迟缓、操作错误增多。

高兴、兴奋是与消极情绪相反的积极情绪状态，操作者在工作生活中遇到值得庆幸的事，心理上呈积极表现，如中年得子、迁新居、子女就业、年轻人热恋等。由于过于兴奋，忘乎所以，往往会出现“三违”而导致事故发生。

人的情感是以社会性的需要满足与否为前提的，每一位煤矿人都是社会中的人，当某种事物满足了人的要求，便产生积极肯定的情感；反之，则产生消极的情感。在实际工作中，安全管理人员应注意情感的感染性，所提的安全生产要求能否为矿工所接受，在很大程度上需要情感的感染和催化。只有两者产生共鸣，矿工才能处于良好的心理状态，才会乐意接受安全生产的要求。

（3）满不在乎

工作随随便便，遇事不肯动脑筋，满不在乎，不重视提高自身的安全素质，这是造成事故的原因之一。对这种满不在乎的矿工平时应时时处处加强对他们的安全教育，提高他们的安全素质，并且在安排他们的工作时，尽可能地让他们同办事稳妥、责任心强的矿工一起作业，以避免意外事故的发生。

（4）思想麻痹，习以为常

对于煤矿工人来说，要求长时间保持谨慎、思想集中的工作状态是非常困难的。矿工刚开始干某种工作时，生理机能活跃，行动准确，注意安全，一旦习以为常后，对外界条件的信息判断就不通过大脑，而靠下意识的反射去行动，此时有的人就开始对工作漫不经心，结果导致事故的发生。

习以为常思想麻痹是一种比较普遍的心理状态。有些青年矿工和一部分有经验的老矿工，不遵守规章制度把安技人员的安全监察、制止违章视为“多管闲事”，我行我素，结果导致事故的发生。

（5）侥幸心理

怀有侥幸心理的人，虽然明知按自己的干法有一定的危险，但总认为灾难不会那么凑巧落到自己头上，明知故犯。省事、凑合着干，结果导致事故的发生。

侥幸心理是安全生产的大敌，但在争强好胜的矿工中较普遍地存在。对这部分矿工平时应注意用类似的典型事故案例进行教育，打消其侥幸心理。

（6）赶任务，图快心理

当生产任务要求矿工尽快完成时，有的矿工为了不延误下班时间，或为了经济利益而加快工作节奏，赶抢任务。这时其注意力全集中在个人操作上，对周围环境、相互联系的作业环节视而不见，不能正确地对来自周围的各种刺激做出反应，在急急忙忙的操作中，在应该注意而未注意的环节上发生差错，酿成事故。赶任务，图快，不讲究科学方法，不遵守操作规程，往往欲速则不达，甚至发生事故。

（7）好奇心理

好奇心理是由兴趣驱使的，兴趣是人的心理特征之一。青年矿工和刚进矿的新工人，对煤矿的机械设备、环境等有一点恐惧心理，但更多的是好奇心理。他们对安全生产的内涵认识不足，于是因好奇心而付诸行动，导致事故的发生。

从安全生产的角度而言，应对青年矿工和新矿工进行形式多样的安全教育活动，增强他们的自我保护意识。因势利导，引导他们学习钻研专业技术，学会经常注意自己的行为和周围环境，善于发现事故隐患，从而防止事故的发生。

（8）骄傲、好胜心理

骄傲、好胜心理在矿工中一般有两种类型：一种是经常性地表现出骄傲、好胜的性格特征，有些是工作多年的老矿工，自认为技术过硬而对安全规章制度、安全操作规程持无所谓态度；另一种类型是在特定情况、特定环境下的表现，争强好胜，打赌、不认输，这种类型多是青年矿工。

对于前一种类型的人，平时应坚持不懈地对他们进行教育，学海无涯，任何人都没有骄傲自大的资本。只有虚心学习，才能不断地进步。对于后一种类型的人，平时应对其进行典型事故案例教育，绝不能逞一时之勇而伤害自己，应做到“不伤害自己，不伤害别人，不被别人所伤害”。

（9）不懂装懂，智险蛮干

有些矿工由于技术不熟练，又不肯向别人学习，所以意识不到操作方法有错误。有的不懂装懂，出现危险也察觉不出来。偶尔的冒险尝试没有发生事故，就形成了藐视危险、敢于冒险的心理定势，而且会渐渐地产生一种自我肯定和自豪的心情。具有这种心理的人，在关键时刻往往会情绪冲动，采取冒险行动，导致事故的发生。

（10）敷衍了事，马虎凑合

由于有些矿工对所从事的工作不感兴趣，认为作业太简单，自己是大材小用，所以工作不安心，产生厌倦心理或工作马虎凑合、敷衍了事，将就应付，不顾安全，只想走捷径，警戒水平下降，感觉不到危险，因而导致事故。

（11）盲目自信

盲目自信，即相信自己有本领，不肯学习新技术，存在着怕损害自尊心的心理状态。凭经验操作，不按操作规程进行。这些矿工把自己以往的经验看得尽善尽美，相信自己练出来的技能不会错，因而继续沿用落后的作业方式，重复过去的危险行为，导致事故发生。

产生盲目自信的心理，主观上是因循守旧，没有创新精神；客观上是人生理上的前摄抑制，即先学的东西对后学的记忆有干扰作用，使人不容易记住新的知识。对具有盲目自信心理的人，必须破除其盲目自信、凭经验干活，在学习新的安全技术时，要突出新技术的特点和原理，以利于减少经验的干扰。掌握好新的技术，按照新规程作业，从而防止事故的发生。

3. 煤矿事故与疲劳的关系

（1）疲劳概述

疲劳是在劳动过程中不断地消耗能量，导致生理、心理的变化，使作业能力下降的一种现象。疲劳与休息是机体消耗与恢复互相交替的正常活动，是机体日趋完善的必要条件。工作性质、作业环境、情绪与态度等都与疲劳的产生和恢复密切相关。

疲劳一般可分为体力疲劳（或肌肉疲劳）和精神疲劳（或脑力疲劳）。体力疲劳是局部的肌肉疲劳，稍加休息后即可消除，精神疲劳是全身性疲劳，是疲劳的积累，要经过较长时间的恢复才能消除。

疲劳的自觉症状是劳动者本人在工作时感到乏力、头重、脚沉等；精神症状表现出情绪急躁、注意力不集中、讨厌说话等，表现为工作质量下降、作业量不稳定、差错增多。疲劳使人的感觉机能弱化，听觉和视觉敏锐度降低，对复杂刺激的反应时间增长，动作的准确性降低，判断失误。疲劳对煤矿安全有着极大的危害性。

（2）疲劳的原因

超过生理负荷的激烈和持久的体力和脑力劳动，作业环境不良，工作单调乏味，劳逸安排不当，精神与机体状况不佳，机器设计不符合人体生理、心理特点，使人感到不舒适等，都是促使疲劳过早出现的原因。

由于煤矿生产的特殊性，井下环境恶劣，作业空间狭窄，光照不良，湿度较大，经常遭受水、火、瓦斯、煤尘等自然灾害的威胁，因而井下工人的精神比较紧张；煤矿的机械设备比较落后，机械化水平较低，工人的体力负荷较大，煤矿井下工人的工作时间比较长，休息和娱乐时间相对不足。所以，在井下工人中，疲劳现象普遍存在。

具体而言，井下工人疲劳的原因主要有：

1）作业时间长，休息时间不足。煤矿井下工人的作业时间比较长。以“四六”制作业方式而言，每班工作 6 小时，加上开班前会换衣服。到工作地点前的行走时间、下班后行走时间、换衣服、洗澡时间，将近 1 小时。“三八”制作业方式则要 12 小时左右。因此，休息时间相对不足，如果还有家务负担，就会影响睡眠时间，致使矿工疲劳不能得到有效的消除，体力得不到很好的恢复。

2）照明、噪声、作业空间等环境因素的影响。如前所述，煤矿井下作业空间狭窄、照度低、湿度大、噪声大。狭窄的作业空间使机器设备布置非常紧凑，人不能充分地伸展身躯，因此容易产生疲劳、人在照度低的环境中工作，容易产生视疲劳；人在湿度大的环境中工作时，影响人体热量的散发，容易产生疲劳。井下属于半封闭空间，噪声源又比较多，因而噪声较大，尤其是电机车司机，长时间在噪声源附近工作，更容易疲劳，出现差错，引发事故。

3）作业强度大。由于煤矿的机械化、自动化水平低，还有很多工序依靠笨重的手工操作来完成，因而井下工人的作业强度过大，尤其是采煤和掘进工作面的工人。过大的劳动强度，使得矿工非常容易疲劳。

4）技术不熟练，劳动中能量代谢过多。由于井下生产一线工人多是农民轮换工、农协工、临时工，这些工人的文化程度低、技术水平差、操作不熟练。在工作过程中，无用动作多，造成能量代谢过多，从而过早出现疲劳。

5）单调重复的作业。一个人连续重复一种简单操作，时间一长便会丧失兴趣，产生厌烦情绪，这是单调感的反应。单调感是诱发精神疲劳的一个重要因素。对于井下运输工作中的司机，有节奏的车轮与轨道的撞击声犹如催眠曲，容易困倦。胶带司机在胶带正常运输时，无事可干，也容易产生困倦和疲劳。

6）产生疲劳的心理原因。产生疲劳的心理原因很多，主要有：

①兴趣丧失，生产热情低下。在这种状况下工作，很容易产生疲劳感。

②家庭不和。家庭是工人消除疲劳的主要场所，如果家庭不和，关系紧张，不但不利于矿工消除疲劳，而且会加重其疲劳状况。

③其他心理原因。如人际关系紧张，和同事摩擦不断，从而产生心理不安全感，容易产生疲劳。

（3）预防疲劳的措施

既然疲劳产生的原因是多方面的，那么防止疲劳的措施也是多方面的。预防疲劳的措施主要有：

1）改革劳动组织，科学地安排作业和休息时间。工作时间过长，休息时间不足是造成疲劳的主要原因之一。在“三八”制作业方式下，矿工每天约工作 12 小时，休息时间不足，不能很好地消除疲劳。因此，应逐步推行“四六”制作业方式，减少工人的工作时间，减轻其疲劳程度。印度铁路 1965 年至 1977 年，将劳动强度大的工种工作时间每天限制在 6 小时，结果使事故减少了 40%。

2）挑选合适人选。在招收新矿工时，应坚决避免招收有生理缺陷的人，在工作分配上，必须因人而异、因材施用、各尽其能。一般情况下，智力水平越高的人，对重复单调的工作越容易感到厌倦，但安排他们从事较为复杂的工作后，这种现象就会减少甚至消失。而智力水平较低的人较能适应重复、单调的工作。在分配工作时，尽可能地使矿工的智力水平与所从事工作的复杂程度相一致。同时，也应考虑矿工的个性心理特征、兴趣、爱好等与工种相匹配，以激发他们的工作兴趣和生产热情，这是防止疲劳过早出现的一种有效措施。

3）改善工作环境。不舒适的工作环境，会使操作者的精神和机体疲劳加重，因此，改善井下环境条件，为矿工创造一个舒适的工作环境，能减少矿工的厌倦情绪，同时应合理布置工作空间，使他们在劳动过程中感到安全、舒适、方便，以防止疲劳的过早出现。

4）消除矿工的心理疲劳。心理疲劳一般是矿工本身有各种思想负担、情绪问题、不愉快的处境和矛盾等造成的。管理人员应“对症下药”，做好思想工作，帮助矿工解决生活上的困难，以解除其后顾之忧，协调好同事之间的关系，创造一个融洽、和谐的行为环境，教育他们树立远大理想，为人乐观，不斤斤计较，善于自我控制，培养矿工热爱本职工作的责任感，对他们进行工作意义和价值的教育。

5）提高操作的机械化和自动化程度，降低劳动强度。经过几十年的发展，特别是近十几年的发展，煤矿的机械化程度较以前有了明显的提高，而乡镇地方煤矿自动化水平仍然很低，因而矿工的体力负荷比较大，疲劳现象比较普遍。要减轻井下工人的体力负荷，防止其疲劳的过早出现，只有大力发展机械化、自动化，以机器操作代替手工劳动；同时要大力推广自动停车装置等新技术和自动报警等监控设备，在操作人员因疲劳而进行错误操作时，使运输设备自动停止或发出警报，以防止事故的发生。

4. 事故与人体生物节律的关系

生物节律是一种自然现象。生物节律理论认为，在人的近百种节律中，最重要的节律有三种，即体力节律、情绪节律和智力节律（女性多一种月经周期）。人的一生都受这三种节律的影响。人在生物节律的不同时期，其行为可靠性有很大的差别。因此，研究人体生物节律理论对减少人为失误，减少事故发生，具有重要的意义。

（1）人体生物节律理论概述

人体生物节律理论是关于生命活动周期与人的体力、情绪、智力状态的关系理论。体力、情绪、智力这三种节律都存在着明显的周期性变化，每个周期分别为23天、28天、33天。

各周期变化相当于正弦曲线变化，各自的周期节律都存在着高潮期、临界期和低潮期。在人的三种节律周期中，体力节律主要反映人的体力状况、抗病能力、身体各部分的协调能力以及动作速度和生理上的变化。在高潮期时体力充沛，浑身有劲，反应敏捷；在低潮期时，四肢无力，容易疲劳，做事拖拉；在临界期时抵抗能力下降，容易生病，劳动能力下降。

情绪节律主要反映人的合作性、创造性、对事物的敏感性、情感、精神状态和心理方面的一些机能变化规律，高潮期时心情舒畅、精神愉快、情绪乐观；低潮期时喜怒无常、情绪低落、烦躁沮丧；临界期时情绪不稳定，易出差错，发生事故。智力节律主要反映人的记忆力、敏感性、对事物的接受能力、思维的逻辑性和分析能力。高潮期时头脑灵敏、思维敏捷、记忆力强、有旺盛的创造力和解决复杂问题的能力；低潮期时注意力不易集中、思维迟钝、健忘、判断力降低；临界期时判断能力差，干事粗枝大叶，易出差错和事故。这些不同的节律状态，对人的行为和心理状态有着完全不同的影响，它揭示了人们的体力、情绪、智力产生周期性波动的原因。

人体生物节律理论能及时、清楚地揭示人们所处的节律状态，从而可以利用它来有效地指导我们的工作、生活和学习。用在煤矿的安全运输生产中，可以提高矿工的自主保安性，控制或减少事故的发生。

（2）人体生物节律与事故的关系

我国近几年来有些行业已开始应用人体生物节律理论来进行安全管理工作，预防伤亡事故，降低事故的发生率。

国内外大量研究资料表明，处于临界期的人容易发生事故，有的甚至高达 90% 以上。这说明人体生物节律与发生事故之间存在着密切的关系，而且人体生物节律对不同行业、不同事故的影响具有同样的规律。临界期和低潮期，尤其是临界期是发生事故的危险时期。

（3）运用人体生物节律理论指导安全生产

事故的发生绝大多数与人的因素有关。人可以出现不安全行为，可以使物处于不安全状态，使安全管理出现缺陷以及其他事故隐患。实践证明，煤矿事故不是不可避免。运用人体生物节律理论，可以增强工人自主保安的自觉性和积极性，从而减少事故的发生，提高系统的安全。

在运用人体生物节律理论指导煤矿安全生产时，可以采用以下几种具体的做法。

1）及时公布生物节律图表。将该表贴在墙上：每月末在班前会议室张贴全队矿工下月的生物节律图表，拿在手上，印发矿工全年的生物节律手册，人手一册，供随时查看，记在心上；在班前会上，对处于低潮期和临界期的矿工点名提醒其注意安全，并提醒班组其他同志对此人加强监督和互保。

2）挂警钟牌。除了在墙上张贴生物节律图表外，还可以增设警钟牌。在班前会议室挂一块写着当天生物节律处于低潮期或临界期的矿工名字的警钟牌，以引起大家注意，促使人们自觉地控制不安全行为。

3）坚持互保制。对当天处于低潮期或临界期的矿工，班组实行互保制，加强联系，发现问题，及时解决。

4）合理安排工作。对处于临界期，尤其是双临界期或三临界期的矿工，尽可能地安排其休假或从事地面工作。

运用人体生物节律理论指导安全生产，有利于安全管理工作。虽然生物节律有规律地支配着每一个人，但不能应用生物节律进行事故预测。生物节律虽然与安全生产密切相关，但并不是说，处于低潮期或临界期就一定会发生事故，高潮期就万无一失。因为是否发生事故与人的心理状态是密切相关的。即使在高潮期，如果盲目乐观、违章蛮干、麻痹大意，也会发生事故。相反，处于低潮期或临界期，如有人提醒、关照，自己加倍小心，有意识地控制情绪，也完全能够避免事故，做到安全生产。因此，在安全管理工作中，生物节律必须与其他预防和控制措施联合使用，才能有效地降低事故发生率。

（二）事故与机的关系分析

在人—机—环境系统中，人是决定因素，机是重要因素。矿井生产系统是由机电设备群（如采煤机、带式运输机、电气开关等）为主体所组成的，设备的可靠与否直接影响着矿井系统可靠性的高低。由于煤矿井下的瓦斯、煤尘的大量存在，对井下设备，尤其是电气设备，提出了很高的安全要求。随着科学技术的进步，机械化水平的提高，机械设备越来越多地替代了人的手工操作，在系统中发挥着越来越重要的作用。但随之而来的是机械伤害事故的增多。机械设备的不安全状态已经成为影响人—机—环境系统安全性和造成人员伤亡事故的重要原因之一。据相关统计，在所有的劳动事故中，由于机械设备方面的原因造成的事故占35.2%~36.5%，因此，深入研究机与事故之间的关系，对减少事故的发生、提高系统的安全性具有重要的意义。

煤炭资源多深埋于地下，绝大部分要利用煤矿机械设备进行开采和运输，与一般工、农业生产机械相比，煤矿生产中的机械设备具有如下特点：

1. 工作环境恶劣，井下环境潮湿，设备时刻处于粉尘、水汽以及有害气体的包围之中。

2. 工况条件苛刻，大多数机械设备在高速、重载、振动，冲击、摩擦和介质腐蚀等的工况条件下工作。

3. 运行时间长，绝大部分机械设备不分昼夜，长年累月连续作业。

4. 润滑条件差，由于环境恶劣，工况苛刻加上停机时间短，这就使得机械零部件得不到良好的润滑和维护。

机器设备方面的不安全因素包括：没有按规定配备必需的设备、材料、工具；设备、工具选型不符合要求；设备安装不符合规定；设备、设施、工具等维护保养不到位；设备保护不齐全；设施、工具不齐全、不完好；设备警示标识不齐全，不清晰，不正确，设置位置不合理，以及其他不安全因素等。机器设备方面的不安全因素应从机器设备的采购，使用、维护等方面予以控制和消除。

（三）事故与环境的关系分析

在人—机—环境系统中，环境是影响系统安全的一个重要因素。人、机都处于一定的环境之中，环境常影响着人的心理和生理状态，影响着人的工作效率和身心健康，机的效能的充分发挥也不同程度地受到环境因素的影响。环境通常也是滋生人的不安全行为和物的不安全状态的“土壤”，是导致事故发生的基础原因。煤矿生产中的环境主要包括地质环境和作业环境。

1. 地质环境

煤矿的地质环境因素主要包括地质构造、煤层顶板、煤层底板、煤层倾角、煤层硬度、煤层节理裂隙发育程度、煤层夹矸、煤层自燃、煤层瓦斯、瓦斯地质条件、水文地质条件、涌水量、煤层变异性、煤层稳定性等，其中地质构造主要包括围岩稳定性、陷落柱和断层等。地质环境的各因素及其状态对煤矿事故有重要的影响，有可能导致事故的发生，因而成为危险源。

各类地质环境因素可以采用不同的属性特征或指标来表征其特性。例如，底板的稳定性可以由底板的强度来确定；煤层夹矸状况可以由煤层夹矸系数来表征；煤层瓦斯情况可以由瓦斯涌出量或瓦斯浓度来表征；地质构造、水文地质条件等可以用复杂性表示；煤层自燃性可以采用容易程度来表述。属性特征值有的可以从相关监测仪器直接获得，有的需采用计算公式来进行计算，有的则需采用模糊数学方法直接进行判断。

2. 作业环境

煤矿井下作业环境是人工开拓出来的半封闭式空间，是一种特殊的作业环境。其特殊性表现为：一是工作空间狭小，四周是支护起来的原生煤岩体，空间时常堆放松散的煤岩，还有多种机械设备逸散着能量，产生振动和噪声，视觉环境差。矿尘污染严重，不少矿井还存在温度高、湿度大的危害。二是工作环境随开采过程不断移动，环境多变，缺乏规律性，还面临着顶板、瓦斯、矿尘、水、火和地热等自然灾害的威胁。这些环境因素直接影响着矿工的作业安全性。

矿井作业环境是指在煤矿生产系统空间范围内，对工人工作舒适度、工作效率和系统可靠度有影响的微气候、空气污染、照明、噪声、设备的布局和物料的放置、工作空间、设备外形和控制机构的布置等。

（四）不安全行为的概念及分类

从广义安全管理的角度来看，所谓人的不安全行为，是指在某个特定的时空环境中，行为者能力低于系统对其要求时的行为特征，表现为自然人或组织人的行为功能没有满足系统的要求。一般来讲，人的不安全行为是指那些曾经引起事故或可能引起事故的违反安全行为的行为，是造成事故的直接原因。

我国在《企业职工伤亡事故分类标准》中，将人的不安全行为详细划分为 13 类，而美国杜邦公司在其行为安全观察程序中，将不安全行为分为 5 类。以下将从 4 个角度，对人的不安全行为进行分类。

1. 从人的心理状态出发，人的不安全行为分为有意的和无意的两大类。有意的不安全行为是指有目的、有意图、明知故犯的不安全行为是故意的违章行为。如酒后上岗、酒后驾车等。无意的不安全行为是指非故意的或无意识的不安全行为，人们一旦认识到了，就会及时地纠正。

2. 按工种分类，可分为放煤失误、割煤失误、设备维护失误、移架推溜失误和管理失误等。

3. 按人员完成单元功能角度，可分为任务不明确或没有执行分配给的任务，错误地执行分配给的任务，按错误的顺序或错误的时间、地点执行分配给的任务，超越了职能范畴，执行没有分配给的任务。

4. 按照不安全行为的主体，可以分为个人失误和组织失误。

（五）塑造“安全型员工”，控制不安全行为

实施全员素质工程的目标是塑造“安全型员工”。“安全型员工”的标准是：时时想安全意识，处处要安全——安全态度，自觉学安全——安全认知，全面会安全——安全能力，现实做安全——安全行动，事事成安全——安全目的。塑造和培养本质安全型员工，需要从安全观念文化和安全行为文化入手，需要创造良好的安全物态环境。

企业员工的安全素质是决定企业安全绩效的根本因素，一个员工的安全素质是通过行

为表现出来的。为了提高企业每个员工的安全素质，从决策层到管理层，从管理层到执行层，应该实施员工“安全素质工程”。

1. 决策者的安全素质

企业的决策者应当学习安全方针政策，掌握法规标准，具备风险防范的领导和决策能力；了解安全科学管理的理论，掌握安全科学的管理方法，在安全生产管理过程中正确运用决定权、否决权、协调权、奖惩权，在机构设置、人员配备、资金保障上决策有方，为安全生产领航掌舵，应树立正确的安全观念，重视人的生命价值，要有强烈的安全事业心和高度的安全责任感，建立应有的安全情感观念，能够科学地制定安全生产发展目标和战略，实现企业安全业绩的持续改进。

2. 管理者的安全素质

企业的管理者应制定好严明、详细的部门及每个成员的安全职责，使每个成员不仅了解自己的责任，还要了解本部门的责任及与本部门有关部门的责任之间的关系，制定出安全（安全生理、安全心理、安全文化、安全技术素质）教育及训练的程序，定期组织有效的安全培训及考核，保证成员受过基本的安全文化教育，认真研究本部门和基层可能发生的事故规律，并能够有效地采取技术、管理的措施，实现事故预防和安全生产的目标及时向决策层反映安全信息（隐患、危险危害因素、风险状态和事故信息），将重要的信息及时送到主管安全的负责人手中，不但能主动执行上级的决策，并能够正确修正决策者的失误，对承包商或相关方的设计、制造、维修、改造等工程施工，进行及时、有效的监督，对企业生产作业或其他非常规生产活动等的安全情况有明确的检查。有效地对设计、制造及建设部门进行详细的安全审查，会利用科学、合理的手段对变更程序和高风险作业进行严格管理和严密监督。

3. 员工的安全素质

企业一线员工应当使知识与技能相结合，意识与行为相统一。牢记岗位安全职责，掌握安全操作程序，了解安全生产法规和安全作业标准，了解企业对安全的承诺和决策，了解安全生产的状况，知道最近发生的险情及安全奖惩事例，接受生产任务时，要有安全意识，知晓“风险何在、风险何防”，接受任务后，要按程序和规范作业和行动，能够及时发现现场事故隐患，并能及时稳妥地处理和防范。当发生事故时，知道如何自救、互救以及如何逃生，严格按操作规程作业，做到“不违章、不违纪”。

4. 建立良好的安全行为习惯

良好的安全行为文化就是把安全生产由被动变成一种主动和习惯。“习”就是通过经验学习获得，“惯”就是一种定式，这种安全行为文化方式是公众所认可的，是习以为常的，不是法律制度和检查监督强制约束出来的。这种源自文化层面的力量和自我约束力，正是企业安全文化建设的归宿；也只有发自内心和自觉的安全行为文化，才是安全文化建设的最高境界。

抓行为文化建设必须把培养职工良好行为当作基础性的工作，并提到重要位置来抓。

建设行为文化，第一位是“严”。要不放过任何一个细小的违章行为，一丝不苟执行技术标准、操作规程，只有通过严格的管理才能使员工逐步养成规范严谨的行为习惯。

5. 完备安全教育培训，提高全员安全能力

企业应采取多种途径，制订符合实际的安全教育培训规划和工作计划。教育培训的形式上多样化，采取了走出去、请进来，以及联合办学的方式，提高安全教育培训的效果。总之，要逐步形成灵活的安全教育培训机制，完善安全教育培训制度，使安全教育培训工作实现现代化、正规化、经常化，确保员工安全知识、技能和素质全面达标。

（六）安全素质工程的实际应用

针对减少和消除企业员工不安全行为所提出的塑造“安全型员工”，实施全员安全素质工程的建设方案已经在一些公司进行应用，并发挥了较好的效果。结合具体实际应用对象，在某公司进一步深化了员工安全素质工程。有证据表明，班组长对于减少和消除本班不安全行为具有重要作用，因此，班组长安全素质达标可以分别从班组长的安全素质、班组长的选拔原则与方法，对班组长的培养和对班组长的激励等方面进行完善。具体如下：

1. 班组长的安全素质

对班组长的要求：能够很好地保证规章制度，安全措施落实到岗位，能够认真地执行区科及上级布置的各项工作，在工作分配上能够识人、用人、会管理、对生产过程能控制、会监督，在自己技术过硬，操作规范的基础上也能保证班组中每一人都能正规操作。

2. 班组长的选拔原则与方法

对于班组长的选拔，企业应该本着任人唯贤、德才兼备的原则，群众公认、注重实绩原则，公开、平等、竞争、择优原则，民主集中制原则，依法办事原则，采用选拔、聘用制原则。在具体的工作中，要及时发现人才，根据现有用工制度，从招工开始，就尽早关注素质较高，能吃苦耐劳，热心班组工作，有一定群众威望的员工，并在工作中为他们锻炼成才创造必要的条件，提倡竞争，引入班组长岗位竞争机制，不拘一格选拔班组长，还应对后备班组长的来源和选拔程序制定严格的制度和规定。

3. 对班组长的培养

对于班组长的培养，企业要根据形势的要求和班组长的具体现状，有针对性地制订培养方案，并坚持每年对班组长进行一次较为系统的培训。而在学习的内容上，既应该包括业务技术、生产管理、安全规程、安全技能、成本核算、班组管理工作方法和社会主义市场经济等知识，也应该涉及党的建设、思想政治工作等方面的内容，使我们的班组长不仅能带生产、搞安全，还会做矿工的思想政治工作。在日常培训的实效性和针对性方面，要重点增强班组长的技术能力、安全生产指挥能力和安全管理水平。在日常的工作中，班组长要学会识人、育人、选人、用人、管人，学会决策事情。特别是在用人上，要与安全紧密结合，观其言、察其行，适合什么工作给什么工作，适合什么岗位占什么岗位，适合干什么派什么活。什么时间派什么活最安全，都要事先掌握、钻研透彻、熟练运用，用精湛的用人之术确保职工的健康安全。

4. 对班组长的激励

激励是管理的重要手段。对于班组长的激励，分为物质与精神两方面。

物质方面，可实行安全津贴提前放置的办法，每月初把班组长当月的津贴提前划给基层，记在班组长名下，本班组全月无“三违”、无事故，则津贴全拿，若出现“三违”或事故，按规定扣除、少拿或不拿，甚至受罚，以此激励班组长的责任心。

精神方面，一是鼓励班组长兼任政治班组长，成为班组思想政治工作的领导核心成员。二是在班组长之间经常性地开展竞赛活动，以此激励班组长不断提高自身能力。例如可以开展班组长“六比六赛”活动，即一比工作作风，赛思想境界；二比行为规范，赛业务素质；三比过程监督，赛工作质量；四比文明生产，赛思想境界；五比系统达标，赛服务质量；六比成果推广，赛科技创新。此外，根据马斯洛需求层次理论，人追求的最高境界是自我价值的实现，因此企业还应该确认班组长的基础管理者的地位，建立班组长档案，对班组长的任免要经主管矿长批准。通过班组管理，班组长提升了自己的业务水平，特别是管理水平。在企业中还可以实行“班组长职业生涯设计”的活动，鼓励班组长的自我发展。

二、准备流程

（一）领导决策与承诺

领导决策是煤矿风险预控管理体系建设的开端，也是体系顺利建设和实施的关键。煤矿风险预控管理体系的建设和实施需要投入人、财、物等各种资源，同时风险预控管理体系的实施可能需要改变员工以往的一些习惯，而人的习惯的改变过程是较为艰难的，这样就会给新体系的实施带来了各种各样的阻力。因此，领导决策和承诺是体系顺利建设的关键。如果领导者对体系持有怀疑的态度，即使体系文件能够编制出来，体系后续的执行过程也会大打折扣，起不到应有的效果。领导者的决策和最高管理者（层）对于煤矿风险预控管理体系建设和实施的承诺及支持是体系建设的最基本要求，是体系建设所需人、财、物合理配置的保证，是体系启动的内部推动力，也是全体员工积极投入体系建设和认真践行体系的重要动力。只有最高管理者（层）重视此项工作，才能确保组织建设煤矿风险预控管理体系，并能予以顺利实施。

（二）召开动员大会

为了提高员工对推进煤矿风险预控管理体系建设的意识，应召开全矿风险预控管理体系建设动员大会，全体矿领导都应参加大会。如果条件允许，最好全体员工都能参与；如果条件不允许，至少各部门的负责人都要参与，同时让尽可能多的、有现场经验的、素质较高的一线员工代表参与。在动员大会上首先由矿长或主管安全的高层管理者或外聘专家对煤矿风险预控管理体系的框架及主要内容做一个简单的介绍，让员工了解建设煤矿风险预控管理体系的目的和意义，并对体系有一个总体的感性认识。然后由矿最高领导亲自宣誓，表示建设煤矿风险预控管理体系的决心，承诺对体系建设的人、财、物等方面的支持，鼓舞员工建设体系的热情。矿最高领导的绝对支持是成功建设风险预控管理体系的必要条件。

（三）成立工作组

1. 任命管理者代表

煤矿风险预控管理体系的建设和实施是一个系统工程，涉及组织各方面的工作，按照体系建设的要求，最高管理者应任命管理者代表，并下发《管理者代表任命书》。管理者代表全面负责煤矿风险预控管理体系的建设和实施工作，具有以下职责：按照风险预控管理体系的要求建设和实施风险预控管理体系，并及时向最高管理者汇报体系的运行情况和改进建议。

2. 成立体系建设工作组

为了顺利地推进风险预控管理体系的建设和实施，矿上应成立体系建设工作组。根据小组成员在体系建设和实施过程中工作内容和性质的不同，应分别成立体系建设领导组和体系建设工作组。体系建设领导小组是体系建设的决策机构，负责建设工作的指导、审核、协调等工作。体系建设工作小组是具体建设工作的自行团队，负责体系文件的编制工作。

（1）体系建设领导组的构成及其职责

体系建设领导组是煤矿风险预控管理体系建设的决策机构，组长由最高管理者即矿长亲自担任，副组长由管理者代表、各副矿长、总工程师、工会主席等高层管理者担任，成员由各专业副总、各部门负责人、体系建设工作小组组长构成。体系领导小组下设办公室、办公室设在安全管理处室，由处室领导担任办公室主任，负责协调体系领导小组的日常工作。

（2）体系建设工作组及其职责

根据风险预控管理体系的内容，体系建设工作组下设 5 个体系建设工作小组，分别为风险管理小组、人员不安全行为管理与控制小组、组织保障管理小组、管理评价小组和管理信息系统小组。工作组成员最好由熟悉管理体系的构成要素和运作模式，有参与过 ISO9000、ISO14000、ISO18000、煤矿质量标准化建设的经验，且日后将负责风险预控管理体系相应内容的运行工作的人员组成。

1）风险管理小组成员应包括有现场工作经验的且对采、掘、机、运、通比较精通的员工，熟悉风险管理过程，成员需要 3~5 名，该风险管理小组属于常设人员。此外，矿属各部门均要成立各自风险管理小组，且有相应的负责人，一般各部门的技术员为该部门危险源辨识和管理标准和管理措施的执笔人，在风险管理小组的领导下进行各部门的危险源辨识和管理标准与管理措施的制定，成员为该部门的所有员工，配合技术员进行本部门的危险源辨识和管理标准与管理措施的编制与审核工作。

风险管理小组的职责为：完成《风险管理手册》和《风险预控管理标准与管理措施》的编制工作。具体的职责：风险管理小组负责危险源辨识、分级分类、管理标准和管理措施制定方法的培训，在危险源辨识过程中给予相应指导；矿属各单位及驻矿单位成立各自的风险管理小组，负责本单位生产活动，服务中的危险源辨识，分级分类、检查监测、管理标准和管理措施的制定及落实。

矿井风险管理小组负责对危险源辨识，分级分类及管理标准和管理措施制定结果的审核、更新、修订。

2）人员不安全行为管理与控制小组应由熟悉“三违”治理和人员准入与培训工作的人员组成，需要常设 2 名人员。负责对煤矿人员不安全行为的梳理，分析不安全行为产生的原因和机理，制定针对性的控制与管理措施。

人员不安全行为管理与控制小组的职责为完成《员工不安全行为管理手册》的编制工作。

3）组织保障管理小组需要常设人员 5~7 名，应包括主管人事、工资的员工 1~2 名；熟悉环境、健康与事故管理的人员 1~2 名，负责（管理手册）的编制和《程序文件》《管理制度汇编》收集与整理工作;熟悉思想宣传与教育工作、文笔较好的人员 2 名，完成《安全文化建设实施手册》的编制工作。

组织保障管理小组的职责为完成《管理手册》《程序文件》《管理制度汇编》和《安全文化建设实施手册》的编制工作。

4）管理评价小组成员应包括风险管理小组，人员不安全行为小组、管理保障小组的组长和 2 名有现场工作经验且对采、掘、机、运、通比较精通的员工。其中各小组组长负责评价体系中相应部分指标的细化，另外 2 名成员则负责管理要素体系内容的细化工作，需要常设人员 6~7 名。

管理评价小组的职责为完成《考核评分标准》手册的编制工作。

5）管理信息系统小组成员应具备基本的软件操作技能的矿局域网维护人员，需要常设人员 2 名。

（四）下发文件

体系建设工作组成立后，应下发《 × × 煤矿风险预控管理体系建设通知》的红头文件，文件至少涵盖如下内容：管理者承诺，煤矿风险预控管理体系简介，推进风险预控管理体系建设的必要性，体系建设小组的设置及其职责，体系建设的工作目标、工作计划、工作考核等。

第三节　风险预控管理体系培训

一、培训的目的

员工对煤矿风险预控管理体系的理解和接受是体系得以顺利建立和实施的首要基础。在体系建立之前首先要进行体系的培训，培训是员工理解体系对企业和个人的意义，从而接受和愿意实施风险预控管理体系。同时，培训让员工掌握风险预控管理体系建设的具体方法和步骤。

二、培训的方式

煤矿风险预控管理体系的培训可以采用集中培训和分组培训相结合的方式。集中培训是针对矿上全体员工进行的，体系建设的领导组和工作组的成员要全部参加，其他员工有时间的全部来参加，覆盖面越大，效果越好。集中培训主要对风险预控管理体系的产生背景、特点、目标、构成、运行模式等进行培训，培训的内容要简单易懂，主要是让所有的员工对风险预控管理体系有一个感性认识。集中培训安排半天即可，也可以在动员大会中安排。集中培训后对体系建设工作组进行具体内容培训，使工作组成员掌握体系的建设方法、步骤、具体内容等。具体来讲，培训后，风险管理小组应掌握危险源辨识、风险评估、管理标准与管理措施制定方面的知识，不安全行为管理与控制小组应掌握不安全行为梳理，不安全行为产生的机理分析，不安全行为管理与控制措施的制定等方面的知识；管理保障小组应掌握管理手册、程序手册、制度汇编、文化手册的编制方法和步骤，评价小组应掌握评价指标体系编写、内部审核等方法与技巧，管理信息系统小组应掌握风险预控管理信息系统操作的技能。

三、培训的具体内容

培训的内容主要包括风险管理、人员不安全行为管理与控制、管理保障、管理评价、管理信息系统五个方面的具体内容。

（一）风险管理

1. 实施煤矿风险预控管理的基本原则

实施煤矿风险预控风险管理，是一项工作量大、富有挑战性的工作，在这个实施过程中必须遵循以下原则和要求：

（1）领导重视。实施风险管理必须有强有力的领导，各项计划和工作任务才能得到落实。这要求首先煤矿高层管理者必须把风险管理融入煤矿整个管理组织中，成立相应的组织机构，配备所需的设备、人力等资源，制订相应的风险管理计划和制度；其次，高层领导应树立领导原则，言行一致，以身作则，持续遵守风险管理中制定的管理标准和管理措施，否则将可能影响风险管理实施效果，也会降低领导威信。

（2）全员参与。实施风险管理需要全员参与。各级人员是企业组织的根本，只有他们的充分参与才能使风险管理得以贯彻落实，使他们的才干为组织带来收益。全员参与体现在：危险源辨识过程需要全体员工根据自己的工作经验，配合风险管理工作人员一起辨识工作任务中存在的危害因素，风险评估过程需要全体员工对风险发生的可能性大小及其可能带来的损失进行判断、衡量和审核；风险控制过程需要全体员工自觉遵守各项管理标准和管理措施。控制风险，同时识别、评估新的可能出现的风险，使风险管理工作不断得到改进。

（3）责任明确。责任明确是管理的基本要求之一。实施风险管理，需要把风险管理的方针、程序和标准措施的制定、执行、执行效果评估、修订等工作、责任明确到部门和个人，使从领导到基层操作人员，都能了解并担负起工作中的责任。

2. 煤矿风险预控管理工作内容及工作流程

煤矿风险预控管理主要内容包括危险源辨识、风险评估、管理标准和管理措施的制定、危险源监测、风险预警等。煤矿安全风险管理通过让员工自己在危险源辨识的基础上，提炼管理对象，并编写相应的针对管理对象的控制和消除危险源的安全标准和达标措施，明白每一项任务应该如何做，以及为什么应该这样做，进而控制和消除煤矿生产过程中存在的危险源，达到杜绝责任事故，减少非责任事故的目的。

根据煤矿安全风险管理工作的内容及各项工作之间的相互关系，可以清晰地给出煤矿风险预控管理的工作流程。

风险管理的第一步是对煤矿危险源进行辨识的过程。在此过程中需要考虑人—机—环—管四个方面的不安全因素三种状态及时态，同时还要分析各危险源可能导致的风险后果及事故类型，这个过程事实上也就是风险识别的过程。

风险管理的第二步是风险评估过程。此过程需要通过一定的方法来衡量风险发生的可能性大小及其可能造成的损失大小，此过程是对风险（也是对危险源）进行分级的过程。

风险管理的第三步是风险控制过程，此过程又可以细化为：管理标准和管理措施的制定过程，危险源的监测、预警、控制过程。管理标准和管理措施的制定首先需要根据危险源辨识（风险识别）结果，确定管理对象，主要责任人、监管责任人及监管部门；其次要结合风险评估结果针对危险源制定合理的管理标准和管理措施。

在煤矿风险预控管理中，危险源辨识和管理标准与管理措施的制定是风险预控管理最基础的工作，也是煤矿风险预控管理体系建设中花费人力、物力资源最多的一项工作。由煤矿风险预控管理的定义，我们知道风险预控管理的目的是将已知规律的事故控制在可以承受的范围之内，为了使危险源能够覆盖所有已知规律的安全事故，进而制定完备的管理标准和切实有效的管理措施，达到风险预控的目的，我们再进行危险源辨识。危险源辨识和管理标准与管理措施的制定要经过煤矿安全事故机理分析、危险源辨识、风险的分级分类、管理对象的提炼等，针对管理对象消除相应危险源管理标准的制定，相关责任人和监管部门、监管人员的确定，管理措施的制定，提炼出针对具体管理对象所有管理标准与管理措施，从而形成本煤矿的风险预控管理标准与管理措施初稿，对初稿进行审核和修改最终形成煤矿风险预控管理标准与管理措施等步骤。

（1）煤矿安全事故机理分析

分析煤矿安全事故发生的机理，揭示煤矿安全事故发生的主要原因及发生条件，了解各类煤矿安全事故的触发条件，是危险源辨识的基础，也是管理标准和管理措施制定的依据。

（2）危险源辨识

在煤矿安全事故机理分析的基础上，进行煤矿企业安全事故综合分析，并结合本企业实际的人员配备条件、机器装备条件、自然地质条件等，综合运用事故树分析法、安全检查表、问卷调查法、标准对照法以及工作任务分析等危险源辨识方法，对本企业所有可能发生的事故的影响因素——危险源进行辨识。

（3）风险评估

对系统辨识出的危险源综合运用作业条件危险性评价（LEC）方法、风险矩阵法等方法，分析评估安全事故发生的可能性，以及事故可能造成的损失范围和程度，进而确定风险等级。风险评估的基本内容包括系统中的危险源可能会引发什么样的事故，事故是怎样发生的，发生的可能性有多大（用事故发生的概率或既定的危险性量度表示），以及危害和后果是什么。

（4）管理对象的提炼

煤矿本质安全管理对象即煤矿本质安全管理的内容，在危险源辨识和风险评估的基础上，对有安全事故风险的危险源进一步提炼管理对象，管理对象提炼的目的是将较抽象的危险源转化为具体的管理对象。

（5）管理标准的制定

没有规矩，不成方圆。煤矿本质安全管理离不开本质安全管理标准。在管理对象提炼的基础上，依据相关的法规、煤矿安全规程以及一些最新的研究成果，结合前面分析出来的各管理对象可能的风险，制定相应的、有效的、切实可行的、完备的管理标准，本质安全管理标准是使管理对象处于安全状态的条件，是衡量管理人员安全管理工作是否合格的准绳，是管理工作应达到的最低要求。管理标准应做到“每一个管理对象，都应有相应的管理标准保障其处于安全状态”。

（6）相关责任人和监督人员及其安全职责的确定

相关责任人和监督人员及其安全职责的确定，也就是要根据本质安全管理标准并结合本质安全管理措施，明确每一个管理对象的使用、维护、管理等人员，以及各自应对保证此要素处于安全状态应负的安全管理责任，并同时明确由哪个部门或人员负责监督这些人员管理职责的履行情况。本质安全责任落实要求达到横到边，纵到底，事事有人管、人人都管事，任何一件事、一项工作均有责任者。本质安全管理的特点是按照PDCA循环，使管理责任和权力形成闭路循环网络，从上到下，大网套小网，逐级落实，从下向上层层保证。

（7）管理措施的制定

一个单位，无论标准多细，责任多明确，奖罚力度多大，标准不执行，责任制不落实，仍是废纸一张。因此，有了管理标准，还需要有相应的管理措施，保障措施以及激励约束机制来保障管理标准的贯彻执行。管理标准只说明了应该做到什么程度，如何达到管理标准的要求，需要有与之相配套的监督、检查、培训检修、维护等管理措施。管理措施应做到具体、明确，从而使每个员工都明白自己应该如何操作，同时还应能够做到“通过管理措施的落实能够达到管理标准的要求”。

（8）危险源和管理标准与管理措施的审核

组织相关人员对辨识出的危险源和制定的管理标准和管理措施的初稿进行审核，并根据审核意见对管理标准和管理措施进行修改完善。

3. 煤矿风险预控管理单元的划分

煤矿风险预控管理的范围是煤矿所有的系统（生产系统、非生产系统），为了便于风险预控管理工作的开展，首先要对整个煤矿进行合理划分，确定风险预控的子单元。子单元可以按照空间进行划分，如掘进工作面及其附属巷道、采煤工作面及其附属巷道等；也可以按照劳动组织进行划分，如综采一队、综采二队、通风队、运转队等；还可以按专业进行划分，如采掘专业、洗运专业、机电专业等。不管按照哪种方式划分子单元，必须遵循下列原则：

（1）独立性。即子单元在危险源辨识、管理标准与管理措施制定等风险预控管理工作范围上尽量独立，不要交叉重叠，不要出现某个对象或某个范围同时属于两个子单元的现象。

（2）全面性。即子单元的全体须是整个煤矿系统，不可出现某个对象没有隶属单元的现象。

（3）科学性。即子单元的划分必须科学合理，便于后期危险源监测及控制等工作的开展。

4. 煤矿危险源辨识

危险源辨识是风险管理的基础，只有辨识了危险源之后，才能对其进行风险评估，进而制定合理的控制措施。这项工作全面、准确与否直接影响着后期工作的进行。危险源辨识首先要明确辨识的范围并进行单元划分，同时需要搜集辨识的依据；其次要确定危险源辨识的方法；最后按照辨识的基本内容进行辨识。

（1）煤矿危险源辨识内涵

煤矿危险源辨识是对煤矿各单元或各系统的工作活动和任务中危害因素的识别，并分析其产生方式及其可能造成的后果。

煤矿危险源辨识不同于隐患排查，隐患排查是检查已经出现的危险，排查的目的是整改，消除隐患，而危险源辨识是为了明确所有可能产生或诱发风险的危害因素，辨识的目的是对其进行预先控制。

煤矿危险源辨识是一项富有创造性的工作。在工作中，不仅要辨识系统现有的危险源，还要预测分析出系统潜在的、将来可能会出现的危险源。

（2）煤矿危险源辨识的依据

确定哪些因素是危险源，需要一定的科学依据，因此，在危险源辨识前，需要广泛搜集相关的资料，并根据需要进行科学筛选，作为辨识的依据。一般来说，企业需要搜集以下几方面的资料：

1）相关法律、法规、规程、规范、条例、标准和其他要求。比如，《中华人民共和国宪法》《中华人民共和国劳动法》《中华人民共和国安全生产法》《中华人民共和国矿山安全法》《煤矿安全监察条例》《煤矿安全规程》《爆炸危险场所安全规定》《煤矿井下粉尘防治规范》《中华人民共和国职业病防治法》等。

2）相关的事故案例、技术标准。

3）本企业内部的规章制度、作业规程、操作规程、安全技术措施等相关信息。

4）煤矿事故发生机理。

5）其他相关资料。比如，最新颁布的标准、条例、要求等。

（3）煤矿危险源辨识的方法

目前煤矿危险源辨识常用的方法可分为两大类：直接经验分析法和系统安全分析法。

1）直接经验分析法

直接经验分析法就是在大量实践经验的基础上，依据安全技术标准、安全操作规程和工艺技术标准等进行分析，对系统中存在的危险源做出定性的描述。

目前实践中常用的直接经验分析法主要包括：工作任务分析法、直接询问法、现场观察法、查阅记录法等。

2）系统安全分析法

系统安全分析法是利用系统安全工程理论分析的。主要包括安全检查表法、事故树分析、事件树分析、因果分析、预先危险性分析、危险性和可操作性分析等方法。在实践中比较常用的是安全检查表方法和事故树方法。

安全检查表方法。为了系统地找出系统中的危害因素，把系统加以剖析，列出各层次的危害因素，然后确定检查项目，以提问的方式把检查项目按系统的组成顺序编制成表，以便进行检查或评审，这种表就叫安全检查表。安全检查表是进行安全检查，发现和查明各种危险和隐患、监督各项安全规章制度的实施，及时发现并制止违章行为的一个有力工具。

事故树分析。事故树分析又称故障树分析或事故逻辑分析，它是一种表示导致灾害事故（或称为不希望事件）的各种因素之间的因果及逻辑关系图。这种由事件符号和逻辑符号组成的模式图，是用以分析系统的安全问题或系统的运行功能问题，并为判明灾害或功能故障的发生途径及导致灾害（功能故障）各因素之间的关系，提供一种形象而简洁的表达方式。

适用范围：分析系统中各类事故产生的原因。

优点：既适用于定性分析，又能进行定量分析。该方法具有简明、形象化的特点，体现了以系统工程方法研究安全问题的系统性、准确性和预测性。煤矿企业存在的危险源非常复杂多样，仅靠一种方法难以辨识完整，在煤矿企业危险源辨识实际工作中，需要综合运用多种辨识方法。

（4）煤矿危险源辨识的基本内容

煤矿是一个由人—机—环—管构成的复杂系统，其危险源分布非常广泛。过去我国很多煤矿曾经进行过危险源辨识，但是由于在辨识过程中缺乏系统性考虑，辨识出的危险源有很多的遗漏。为了能较为全面地辨识出煤矿的所有危险源，根据系统工程的原理，煤矿危险源的辨识须从人、机、环、管四个方面分别考虑，这样既能够保证危险源辨识结果的全面性和合理性，且方便对危险源进行分类控制和管理。

危险源辨识过程中除了需要从人—机—环—管四个方面进行考虑，还需要考虑三种状态及时态。三种状态分别指正常状态、异常状态、紧急状态，三种时态分别指过去、现在和将来。由于危险源具有潜在性，所以辨识危险源必须考虑各种情况下可能出现的不安全因素，同时还要考虑过去曾发生过什么事故，从中吸取教训，找出事故的原因，考虑目前系统中存在什么不安全因素。此外，危险源辨识过程中还要分析各危险源可能导致的风险后果及事故类型。煤矿事故可分为八种，分别为：

1）瓦斯事故：瓦斯、煤尘爆炸或燃烧，煤（岩）与瓦斯突出，瓦斯窒息（中毒）等。

2）顶（底）板事故，指冒顶、片帮、顶板掉矸、顶板支护垮倒、冲击地压、露天煤矿边坡滑移垮塌等。底板事故视为顶板事故。

3）机电事故，指机电设备（设施）导致的事故，包括运输设备在安装、检修、调试过程中发生的事故。

4）爆破事故，指爆破崩人、触响瞎炮造成的事故。

5）水灾事故，指地表水、老空水、地质水、工业用水造成的事故及溃水、溃沙导致的事故。

6）火灾事故，指煤与矸石自然发火和外因火灾造成的事故（煤层自燃未见明火逸出、有害气体中毒算作瓦斯事故）。

7）运输事故，指运输设备（设施）在运行过程发生的事故。

8）其他事故：以上七类以外的事故。

（5）煤矿危险源的风险评估

风险评估是评估风险大小的过程。在危险源辨识也即风险识别的基础上，我们需要确定风险的等级，也就是度量每一个危险源对应的风险水平，这个过程也是对危险源进行分级的过程。通过分级，煤矿就可以有重点、有先后地选择应对措施，并最终消减风险。

5. 煤矿风险预控管理标准与管理措施的制定

（1）风险预控管理标准与管理措施制定的原则

1）自下而上与自上而下相结合的原则

管理标准和管理措施的生命力在于两个方面：第一是要符合国家相关法律、法规；第二是贯彻执行的力度。自下而上的方式保证了管理标准和管理措施的群众基础，便于风险预控管理标准和管理措施的贯彻落实，自上而下的方式保证了制定的风险预控管理标准与管理措施不违背国家法律、法规和行业的安全规程。因此，管理标准和管理措施的制定应遵循自下而上和自上而下相结合的原则。

2）全面性原则

全面性原则包含两层含义：一是指管理标准和管理措施要全面覆盖煤矿的所有管理对象，具体来说，就是管理标准应做到“每一个管理对象，都应有相应的管理标准保障其处于安全状态”；二是指管理措施应能做到“通过管理措施的落实能够达到管理标准的要求”。

3）可操作性原则

风险预控管理标准和管理措施只有具有了可操作性才能保证矿井的安全生产，因此制定的管理标准和管理措施要明确具体，责任落实到具体的部门、具体的人员，管理标准和管理措施不仅应规定在什么时间，什么地点应当做什么，还应规定应当如何做，以使相关当事人正确做出行为，并能够对于自己行为的后果有较为准确的预期。

4）适用性原则

我国各地煤矿地质条件、人员条件、装备条件差异都非常大，安全隐患的差异也非常大，因此风险预控管理标准和管理措施的制定应充分考虑这种差异性，煤矿应根据自身的实际条件制定适应本企业的风险预控管理标准和管理措施。

5）动态性原则

随着开采作业的不断推进，矿井地质条件、工作人员条件、机器装备状况等都会发生变化，风险预控管理标准和管理措施应随着这些条件的变化不断地进行调整，以适应新的条件。

6）全过程性原则

全过程性原则是指风险预控管理标准和措施应贯穿煤炭生产组织的全过程，从矿井设计、矿井建设、矿井生产（生产计划、生产准备、实施生产、生产接替、生产总结和分析）直到矿井报废的全过程，每一个环节都应有相应的风险预控管理标准和管理措施来保证生产的安全性。

（2）风险预控管理标准与管理措施具体内容

1）风险预控管理标准的具体内容

管理标准是针对管理对象的，管理标准一定要做到只要达到这条标准就能够消除相对应的危险源，标准要明确、具体。标准是国家标准、行业标准和企业标准的统一，要认真考虑定性标准。人的管理标准即人的行为标准，管理对象在何时何地应该以什么顺序和方式做什么，以及不应该做什么。

机的管理标准包括管理对象的完好标准、数量标准、质量标准和正常运转状态。环的管理标准为管理对象处于安全范围的标准。

管的管理标准为现有的管理标准和管理措施完备。

2）风险预控管理措施的具体内容

人的管理措施包括监督检查、激励机制、安全培训以及挂警示牌提醒等消除人的不安全行为的具体方法和手段。

机的管理措施为对机器设备进行定期检查、检修、维护，以确保管理对象数量充足、性能可靠、运行正常。

环的管理措施包括对环境对象的监测，以及环境对象不符合管理标准时应采取哪些措施，保证不在不安全的环境中作业。

管的管理措施即对现有管理标准与管理措施进行完善的方法和手段。

因此，风险预控管理标准和管理措施包括规范人员作业行为的人员管理标准和管理措施、保障机器设备完好及正常运转的管理标准和管理措施、保障环境处于安全状态的管理标准和管理措施，以及保障管理标准与管理措施完备性的管理制度方面的管理标准和管理措施。

6. 危险源辨识和管理标准与管理措施制定的步骤

根据危险源辨识和管理标准与管理措施制定的流程图，可以看出危险源辨识和管理标准与管理措施的制定包括危险源辨识、风险的分级分类、管理对象的提炼、针对管理对象消除相应危险源管理标准的制定、相关责任人和监管部门、监管人员的确定、管理措施的制定、提炼出针对具体管理对象的所有管理标准与管理措施等具体工作。具体来说，就是完成风险预控管理表，并在此基础上从管理对象和工作任务两个维度提炼出管理标准和管理措施。

7. 煤矿风险预控与危险源监测

危险源、风险、事故都具有潜在性，风险的产生具有不确定性，造成风险产生的原因——危险源具有复杂多变性，其可能产生的后果也具有多样性，因此煤矿必须在生产过程中，对危险源进行监测，采集其动态信息，来判断哪些方面会产生风险或者风险已经临近，应该采取什么样的措施消除和控制已经出现的危险源，预防风险的发生。

（二）人员不安全行为管理与控制

1. 不安全行为概述

（1）不安全行为产生机理

不安全行为是指能引发事故的人的行为差错，是指员工在生产过程中，违反劳动纪律、操作规程和方法等具有危险性的行为所产生的不良后果。在人机系统中，人的操作或行为超越或违反系统所允许的范围时就会发生人的行为差错，或者说，人的不安全行为是指那些曾经引起过事故或可能引起事故的人的行为，它们是造成事故的原因。简而言之，不安全行为是指一切可能导致事故发生的行为。既包括可能直接导致事故发生的行为，也包括可能间接导致事故发生的行为，如管理者的违章指挥行为、不尽职行为。

人的不安全行为产生机理包括人感知环境信息方面的失误，信息刺激人脑，人脑处理信息并做出决策的失误，行为输出时的失误等方面。

（2）不安全行为分类

1）根据不安全行为发生后是否可追溯不安全行为可分为有痕和无痕不安全行为。有痕不安全行为的特点：人员发生不安全行为在一定时间内会留下一定的行为痕迹。如“无措施停局部通风机”这一不安全行为会留下“通风机停止运转、局部风量不足”等行为痕迹。无痕不安全行为的特点：只有在行为发生的过程中才能发现，而不会留下可追溯的痕迹。如“爬车”“睡觉”“带电作业”等不安全行为，只有在行为发生的过程中才能被发现而不会留下可追溯的行为痕迹。针对上述行为的特点，各级管理人员可以利用相应的管理手段推断出不安全行为发生的原因。对发现的有痕不安全行为重点要对其进行及时的责任认定和相应的处罚。对于无痕不安全行为的管理必须加强现场的监督检查力度，及时发现控制无痕不安全行为。

2）根据不安全行为发生的频率可以将不安全行为分为高频率和低频率不安全行为。在具体工作中应重点对发生频率高的不安全行为予以高度关注，并及时进行纠正。对于发生频率低的不安全行为也要力求杜绝。对于不同频率的不安全行为要建立不安全行为人员管理台账，对不安全行为除罚款、停职、待岗培训等处理外，实行扣分积分考核。

3）根据不安全行为的风险程度不同，参照风险预控管理中危险源的风险等级划分，可以分为特别重大风险、重大风险、中等风险、一般风险、低风险 5 个等级。

2. 不安全行为影响因素

不安全行为的产生原因较为复杂，是多方面因素综合作用的结果。其中有个体内在因素，如安全生理、安全心理、安全意识、安全知识和技能等因素；有外在客观因素，如环境因素、管理因素、领导因素等。

第四节　风险预控管理体系的编制

1. 体系文件的编写原则

体系文件编写应满足以下原则：

（1）符合性：内容要符合《煤矿安全风险预控管理体系规范》的要求。

（2）适宜性、可操作性：要适合企业的规模、安全管理的复杂程度和人员的能力特点等，不能照搬标准的原文或照抄其他煤矿的体系文件；内容要符合企业实际，写和做要一致，具有指导性和可操作性，便于执行及检查。

（3）系统性：通过不同层次文件，清楚反映体系的层次和接口关系，做到层次清晰、接口明确、协调有序、体例统一，构成一个有机的文件整体。

（4）最小化：在安全管理过程能够有效受控的前提下，文件越精练越好，一定要避免体系文件的形象工程化。

2. 体系文件的编写方法

一般来说，体系文件有三种编写方法，三种方法各有优缺点。

（1）自上而下依次展开、细化的编写方式。按管理手册→程序文件→制度文件→作业文件的顺序编写。优点是有利于上下文件衔接，层次明确；缺点是要求编写人员素质较高，编写时间长，且要反复修改。

（2）自下而上逐步浓缩、概括的编写方式。按作业文件→制度文件→程序文件→管理手册的顺序编写。优点是时间快，但易混乱、返工，适用于管理基础较好、基础性文件齐全的企业。

（3）从中间（程序文件）向上下双向扩展的编写方式。这种方法从分析、评价过程入手，确定需要控制的过程并编写程序文件，然后向上浓缩，概括成管理手册，向下细化成必要的制度文件和作业文件等。这种方法编写时间短、效果好，是一种实用有效的编写方法。

我们建议采用第三种编写方法：首先编写程序文件，其次将程序文件中的内容进行提炼，编写到管理手册中，对于管理手册中没有程序文件支撑的要素应编写得详细一些，最后，将程序文件细化，编写更为详细的制度文件和作业文件。

3. 体系文件的编写步骤

首先由相关部门编写程序文件，然后将程序文件提炼浓缩，编写管理手册中的对应要素或条款。程序文件和管理手册的相同要素由同一个部门的同一组人编写，便于协调统一。与此同时，相关部门在程序文件的基础上，继续将其细化，编写程序文件的支撑性文件即制度文件和作业文件，最后是体系文件的审核和发布。

4. 编写程序文件

（1）程序文件编写任务分配

程序文件清单确定以后，为保证程序文件按质、按时完成，应对其编写任务进行分配，明确编写部门、负责人、编写人和时间要求等。

（2）程序文件的设计格式

程序文件清单确定及编写任务分配以后，就可以着手编制各个管理控制程序。

5. 编写管理手册

原则上，针对同一要素的程序文件和管理手册的对应内容由同一组人编写，以便协调统一。也就是说，编写人在编写完程序文件之后，应将程序文件中的内容归纳提炼为管理手册中的相应内容，最后由体系文件小组进行汇编统稿。

管理手册的编写严格按照《煤矿安全风险预控管理体系规范》中的要素次序和要求，是体系规范中各条款的具体化，属于煤矿实施安全风险预控管理体系规范的纲领性文件。

6. 编写制度文件

程序文件与体系要素相对应，描述了对某个要素实施管控的流程和方法，但很多时候，一个程序文件往往难以对体系要素管控的所有方面都阐述清楚，仅仅规定了一些要点和基本要求，侧重于宏观指导，不能给相关工作人员提供更加详尽的指导。这时，就需要编制一些制度文件来完善和支撑程序文件。

需要编写哪些制度文件，在编写程序文件的时候就应该进行策划。比如，前文（体系内部审核程序）中就明确说明了其支持性文件为《纠正及预防措施实施办法》。当然，制度建设不是一蹴而就的一次性过程，而是遵循 PDCA 原则不断完善和改进的过程。在安全风险预控管理体系的实施过程中，根据实际工作需要可以补充制定一些制度文件，以更好地支持程序文件。制度文件的格式同程序文件一样（请参考程序文件的设计格式），它同程序文件的区别在于程序文件是针对体系要素制定的，而制度文件是针对体系要素管控的某一个环节制定的，是管理手册和程序文件的支持性文件，因而，制度文件更详细，更具有可操作性。

7. 设计记录表单

安全风险预控管理体系的运行要求留下管理痕迹，管理痕迹的常用载体是记录表单，在程序文件和制度文件的“相关记录”一项中就明确说明了该文件实施中需要使用的记录表单，记录表单可以以空白表格的形式附在程序文件和制度文件的附录中。记录表单具有以下三个方面的作用：一是这些记录表单可以对体系运行所产生的信息进行记录；二是方便我们对于信息的管理，日后可以对信息进行追溯、统计分析。三是反映了安全管理的规范性和标准化程度。在《体系内部审核程序》中要求设计的记录表单有 6 个，我们以《不符合项报告》为例，对其进行设计。

第五节　管理体系的试运行

一、管理系统的试运行

当管理人员和员工对程序和标准熟悉后，就可以开始执行。采用新的程序和标准必将对当前管理造成影响，而且对于现有生产系统做出物质的改善也需要一定的投入，若一次从太多的程序和标准开始可能会造成管理和投入的瓶颈效应。因此，应识别哪些是优先标准，然后有针对性地采用分阶段执行的方法。

管理者在试运行中起着决定性的作用，安委会应承担起责任，比如：监视标准的执行过程，指导班组达到期望的目标；给予人、财、物的支持，确保各项任务在标准下贯彻执行，与受影响的其他人员联系（包括物资设备受影响的内容）并得到反馈，同时还要培养参与者。

试运行之初，应该把各个要素、相关要素的管理程序和标准、责任及相关进度内容的监控和自检明确到各个部门。

风险预控管理系统执行过程中同样需要制定一定的程序和规定，如此，才能确保系统顺畅执行。此外，应积极探索较好的执行管理系统的办法，如采用平面图的方式，在每个工作场所的不同地点标明该地点应执行何种标准、有哪些技术要求，给人以一目了然之感。

二、系统试运行过程中的内部控制

系统在试运行过程中，企业应加强内部控制，其基本原则和要求包括以下几方面内容。

1. 相互牵制原则

相互牵制是指当程序和标准必须分配给具有互相制约关系的两个或两个以上的部门（或岗位）分别完成时，在横向关系上，至少要由彼此独立的两个部门或人员办理，要以分清责任的方式，使该部门或人员的工作接受另一个部门或人员的检查和制约；在纵向关系上，至少要经过互不隶属的两个岗位和环节，以使下级受上级监督，上级受下级牵制，确保程序和标准执行过程中不会发生差错和分离。

2. 授权控制原则

授权控制是指企业根据各岗位的业务性质和人员要求，相应地赋予作业任务和职责权限，规定操作规程和处理手续，明确纪律规则和检查标准，以使职、责、权、利相结合。岗位工作程式化，要求做到事事有人管、人人有专职、办事有标准、工作有检查。授权控制包括以下内容：

（1）授权批准的范围

企业风险预控管理系统应当纳入授权批准的范围。

（2）授权层次

授权时应区别不同情况分层次授权。根据危险源等级的不同和程序重要性的不同来确定不同的授权批准层次，有利于保证各种管理层和有关人员既有权又有责。

授权批准在层次上应当考虑连续性，要将可能发生的情况全面纳入授权批准范畴，避免出现真空地带。当然，应当允许根据具体情况的变化，不断对有关制度进行修正。

（3）授权责任

被授权者应能够明确在履行权力时应对哪些方面负责，避免授权责任不清，出现问题又难辞其咎的情况发生。

（4）确保程序的可靠贯彻

企业的安健环工作既涉及企业内部因素，也涉及企业外部因素。因此，安健环活动中都会存在一系列内部相互联系的流转程序。所以，应确保程序得到严格贯彻，避免随意性。

3. 软硬结合原则

试运行过程中既要“硬控制”的方面，即要通过纪律强制执行，也要强调属于管理文化层面的软性管理因素。

4. 与企业管理相结合的原则

要强调安健环管理应与企业的经营管理过程相结合。企业的经营管理过程是指通过规划、执行及监督等基本的管理过程对企业加以管理。安健环管理是企业经营管理过程的一部分，是与经营过程结合在一起的，而不是凌驾于企业的基本活动之上的，它使经营达到预期的效果，并监督企业经营过程的持续进行。

5. 沟通和交流原则

要突出强调沟通、交流和信息公示的作用。沟通和交流是实现内部控制目标的重要保障，不仅要在企业内部沟通和交流，避免对程序和标准理解上的偏差，还要处理来自企业外部的信息。

三、程序和标准的维护和改善

程序和标准的健全是一个循序渐进的过程。对试运行中暴露出来的问题，如危险源辨识不全、程序操作性差、职责矛盾等可能出现的问题，需要不断加以协调和纠正，必要时修改程序和标准，使之更符合实际，这就是程序和标准维护和改善的过程。而维护和改善的前提则是及时得到反馈信息，这就要求在系统试运行中建立监督落实机制，实行动态控制，确保与标准相关的人员都能自觉地按照标准的要求，做好执行过程中信息的收集、分析、传递、反馈、处理和归档工作。

系统审核和管理评审是对标准进行有效的维护和改善的前提之一，是企业自我检查和确认系统各要素的实施结果是否按照计划有效实现，并对系统的运行是否达到规定的目标所做的系统的、独立的检查和评价，其结果是提出不符合项的纠正及预防措施。管理评审是由企业的高层管理人员亲自主持的，对系统现状是否有效适应风险预控方针的要求，以及系统的运行环境出现变化后确定新目标是否继续适用等所做的综合评价，其结果是评审系统整体有效性和符合性，提出系统需要改进的地方，是视客观需要，决定对系统的全部或部分要素进行核查的活动。管理评审时，各部门负责人和有关人员（如员工安全代表、内审员、安委会成员等）都要参加。会议应将风险预控系统运行的现状及其变化趋势和提交研究的问题形成书面材料，供会议讨论并做出决定。

第六节　风险预控管理体系的实施

一、让相关人员掌握必要的体系知识

工欲善其事必先利其器，煤矿安全风险预控管理体系实施前和实施过程中，各级人员应理解体系要求，掌握体系运行的方法，才能有效开展工作，因此煤矿需要针对不同人员开展体系知识培训，让相关人员掌握必要的体系知识。

1. 与体系有关的培训内容

按照体系策划、实施、评审和改进的 PDCA 4 个环节工作需要，煤矿需要引进并培训人员掌握多方面的体系知识。

2. 体系培训的管理

煤矿应将体系培训作为煤矿培训的重要部分，在体系实施过程中执行。通常，培训由煤矿人力资源部门管理，在体系建设初期，一些特定的培训课程的控制可以由煤矿体系办公室提出并组织。

二、切实做好危险源辨识和风险评估

煤矿安全风险预控管理体系最重要的环节就是危险源辨识和风险评估，危险源辨识确定风险管理对象，风险评估确定风险管理的重点。正确理解风险预控管理思想，切实做好危险源辨识和风险评估工作，全面掌握危险源辨识和风险评估的方法和成果应用方式，是建设和运行好煤矿安全风险预控管理体系的关键。

三、持续开展危险源监测监控工作

危险源监测监控是指煤矿企业在生产过程中对已辨识出的危险源进行实时或定期的监测、检查，并及时向管理部门反馈危险源状态的动态信息。

危险源的状态发生变化可能导致事故，因此持续开展危险源监测监控工作意义重大，煤矿企业的特殊性在于危险源种类多、数量大，监测监控的方式也比较多，煤矿应根据自身情况选择适合自身特点的监测监控方式，实现对所有危险源状态的及时掌控，确保安全。

四、突出抓好不安全行为的风险预控

人员不安全行为是导致事故的主要原因之一。海因里希事故统计表明，工业企业事故中 88% 是由于人的不安全行为造成的。杜邦的统计表明，工业企业事故中 96% 是由于人的不安全行为造成，4%是由于不安全状况造成，但不安全状况的致因，还是人的行为。所以，强化人员的不安全行为管理，对于实现安全生产具有极其重要的意义，煤矿在建设和运行煤矿安全风险预控管理体系过程中应突出抓好不安全行为的风险预控。

五、规范做好风险预控现场化工作

为贯彻“安全第一、预防为主、综合治理”的方针，确保在现场生产过程中的人身财产安全，减少事故的发生，煤矿应规范做好风险预控现场化工作，主要表现为加强现场危险作业环境中的安全设施管理、井下作业场所布局管理和工作场所标识标志管理。

（一）安全设施管理

1. 安全设施概念

安全设施是指企业（单位）在生产经营活动中将危险有害因素控制在安全范围内及预防、减少、消除危害所配备的装置（设备）和采取的措施。

2. 安全设施的内容和范围

（1）为保证安全而重新布置或改装的机械和设备。

（2）电气设备安装的防护性接地或接中心线的装置，以及其他防止触电的设施。

（3）为安全而设的低电压照明设备。

（4）锅炉、压力容器、压缩机械及各种有爆炸危险的机械设备的保险装置和信号装置（安全阀、自动控制装置、水封安全器、水位表、压力计等）。

（5）升降机和起重机械上各种防护装置及保险装置（如安全卡、安全钩、安全门、过速限制器、门电锁、安全手柄、安全制动器），桥式起重机设置固定的着路平台和梯子，升降机和起重机械为安全而进行的改装。

（6）各种联动机械之间、工作场所的动力机械之间、建筑工地上为安全而设的信号装置，以及在操作过程中为安全而进行联系的各种信号装置。

（7）在现场生产区域内危险处装置的标志、信号和防护设施。

（8）在作业人员能达到的洞、坑、沟、升降口、漏斗等处安设的临时防护装置。

（9）在作业现场区域内，工作人员经常往来的地点，为安全而设置的通道及过桥。

（10）在高处作业时，为避免物料坠落伤人而设置的工具箱及防止人员坠落的防护网、绳。

（11）在脚手架、龙门架外围封闭的防护网。

（12）为防止塌方采取的支护措施。

（13）高处作业的上下通道及防护措施。

（14）立体交叉作业区域的隔离措施。

（15）防火、防毒、防爆、防雷等安全设施。

煤矿安全设施是为了实现煤矿基本建设和煤炭生产需要配备的，安全设施中的装置和设备是我们为了生产所必须配置的。同时，这些装置和设备也是机械能量、化学能量及多种能量的载体，其本身又是能够造成人员伤害、财产损失和引发重大煤矿安全生产事故的危险源。

加强煤矿安全设施管理，就是要提高人员的安全意识，让所有的人员都清楚，自己身边的每套装备、每台设备都是危险源，搞清楚哪些是高电压、高压力、高转速、高温、强腐蚀、有毒有害、易燃易爆的危险源。要明白看似安全的设备和装置，也是诱发事故的危险源。

（二）井下作业场所布局管理

煤矿井下作业场所布局包括两方面的内容。一是巷道布置，煤矿井下作业是在各类巷道中完成的，巷道的布置方式决定了井下作业场所单元的分布；二是井下作业场所单元内的空间布局，某个局部的空间范围内，把所需要的机器、设备、工具和材料，按照生产任务、工艺流程的特点和人的操作要求进行合理的空间布置。井下作业场所布局管理是煤矿安全管理的重要内容。

六、物的不安全因素及其控制

物的不安全状态的控制措施是通过采取工程技术措施，消除和控制危险源，防止事故发生，避免或减小事故损失，从生产设备和设施的本质安全做起，达到预防事故的目的。这种方法通常是从原料、工艺、设备和设施等方面采取措施来预防事故的。

1. 防止事故发生的安全技术

防止事故发生的安全技术，其出发点是采取措施消除、约束、限制能量和危险物质的意外释放。

（1）消除危险源，尽量减少和降低危险程度。通过采用原材料的替代、工艺的替代，用无毒原料代替有毒原料、用低毒物料代替高毒物料、用生物技术代替工程技术，都能够达到消除和减少危险源的目的。

（2）限制能量或危险物质。通过采用限制的技术措施，来控制能量和危险物质在安全范围内，如限位、限压、控温等。安全电压就是限制能量或危险物质的措施。

（3）隔离。在时间和空间上，采取分离措施，或利用物理的屏蔽措施限制和约束能量或危险物质，如把放射性物质放在屏蔽铅容器内等。

2. 避免或减少事故损失的安全技术

避免或减少事故损失的安全技术的出发点是防止事故意外释放的能量和危险物质波及人和物。

（1）隔离。把被保护的人和物与意外释放的能量及危险物质隔开。如采取远离措施，危险的生产装置与储存装置要具有一定的安全距离，采取封闭措施，在可能发生火灾事故的易燃物质场所增设防火墙等。

（2）缓冲。通过在设备和过程中设置预先的薄弱环节，对能量及危险物质进行缓冲，使其达到可以接受的程度。如在系统上加装能量缓冲装置，如锅炉、压力容器上的爆破板、安全阀，压缩机高压段的气体缓冲器等。

（3）进行个体防护。个体防护实际上也属于一种隔离，是将人和危险隔离开来。如在有毒有害场所作业，必须佩戴防毒面具，防止化学中毒；在切削设备上作业，要配备玻璃视镜；在酸碱岗位工作，应穿戴规定的防护服；在有打击和坠落场所戴安全帽等。

（4）逃生和救护。一旦发生事故，为了减轻事故对人的伤害，应采取措施，进行及时有效的控制，使人逃离危险区域，并采取快速的救助活动和紧急治疗，减少事故造成的伤害程度。如在可能发生中毒和灼伤事故的地方，装备紧急救护药品和冲洗设备。

3. 采取减少故障发生的措施

为了减少系统发生事故的频率，常常在机械设备技术上采取措施，或降低元件的故障率，或减小基本事件发生的频率，采取增加基本事件的数目，即冗余技术。主要有以下方法：

（1）安全系数

安全系数是工程设计中对系统的安全性进行设计考虑的一个因素。它还是为了保证机械零部件所要求的强度裕量，用材料的极限强度与需用强度（许用应力）之比来表示。它主要是为了保证机械设备和工艺的安全运行而规定的数据。尤其是在压力容器方面，各国压力容器规范采用的安全系数与其规定的设计元件、计算方法、制造、检验及失效分析模型等均有关。确定安全系数时应该考虑的因素有以下几种：材料性能及其规定的检验项目和检验批量，考虑的载荷及附加裕量，设计计算方法的精确程度，制造工艺准备和产品检验手段的水平，质量管理水平，使用操作经验，其他未知因素。

对于不同的设备和工艺往往选择不同的材料，并选择不同的安全系数。在选择安全系数时，按照既安全可靠又节省的原则，从安全和效益两个方面予以考虑，但不能与整体系统割裂开来。必须辩证统一地进行分析，选取合理的安全系数。安全系数的选择与设计数据有着不可分割的联系。没有设计数据的安全系数是没有意义的数据。随意选择则会造成不必要的浪费，或者不能达到生产的要求，缩短设备的使用寿命。

（2）提高可靠性

提高可靠性即提高设备、附件等在规定的条件下和规定的时间内完成规定功能的性能。具体有降低额定值、冗余设计，采用高质量部件，维修保养及定期更换等。冗余设计是根据工程乘法定律，增加原因事件的数量，降低系统发生事故的总概率，最简单的办法就是给系统增加相同的元件或设备。降低系统发生事故的方法主要有以下两种：一是线形结构冗长式，就是在系统的长度中增加防止事故发生的元件或设备，使系统的长度增加，从而降低事故的发生概率，如使用备用设备、增加消防水泵等；二是功能结构冗长式，如在压缩机的储气罐装设压力开关和安全阀双重结构的方法。工厂中的设计大多采用的就是第二种方法。它的弹性较大，事故发生的频率比线形冗长结构式小得多。

（3）安全监控系统

安全监控系统即对生产系统的危险源进行监控，控制某些技术参数，使其达不到危险的程度，从而避免事故。在生产过程中要严格按照操作规程操作，不得随意改变工艺指标和参数。安全监控系统常用的有毒有害物质的监测报警系统、安全连锁装置、紧急停车系统以及工艺技术参数的监测控制系统，这些安全监控系统可纳入 DCS、现场总线等自动化控制系统中。

4. 故障—安全设计

故障—安全设计是在系统、设备的一部分发生故障后，系统还可以在一定时间内安全运行。如电路设计中应用的漏电保护器、保险丝等保险系统，交通信号灯一旦发生故障，应亮红灯，避免突然故障引发交通事故。

在实际工作中，应该针对不安全行为和不安全状态的产生原因，灵活地采取对策。在消除物的不安全状态方面，首先应该考虑的就是实现生产过程、生产条件的本质安全。通过改进生产工艺，设置有效的安全防护装置，根除生产过程中的危险条件，使得即使人员产生了不安全行为也不致酿成事故。要尽可能根据安全人机学原理在工程技术方面采取恰当的工程技术措施来改进，降低操作的复杂程度和机械设备、物理环境等生产条件对人的素质要求，尽可能杜绝生产过程中的危险因素，实现物的本质安全。

第七章 风险预控管理

第一节 概述

风险管理最早由美国宾夕法尼亚大学所罗门 · 许布纳博士于 1930 年提出。风险管理具体是指组织通过识别、衡量、分析风险，并在此基础上有效控制风险，用最经济合理的方法来综合处理风险，以实现最佳安全生产保障的科学管理方法。风险管理工作的目的在于确保生产运营过程的危险源能被全面识别，风险能被有效地鉴定和理解，划分风险等级并确定风险控制的重点，在现有控制措施的基础上提出改进对策措施，将风险最小化，达到合理可接受的水平。

煤矿安全风险预控管理体系的核心内容是风险管理，在 AQ/T 1093—2011 中，对危险源辨识、风险评估、风险管理对象、管理标准和管理措施、危险源监测、风险预警、风险控制、信息与沟通等要素给出了规定，明确了煤矿风险管控的要求。

危险源辨识、风险评估和风险控制是风险管理的主要工作内容，也是实现煤矿安全风险预控管理的重要环节。危险源辨识确定安全管理对象，风险评估确定安全管理重点，风险控制通过制定管理标准确定如何做，通过制定管理措施确定如何管，通过明确责任确定如何落实。

在煤矿风险管理过程中，危险源辨识和风险评估是煤矿全面认识其生产运营过程风险的一个有效过程，也是煤矿安全风险预控管理体系建立的基础。通过危险源辨识和风险评估，使煤矿清楚作业环境、设备设施、作业行为中存在的风险，有利于作业环境改善、设备设施维护、作业行为规范。同时在全员参与危险源辨识和风险评估的过程中，使员工的风险意识不断得到提高，实现安全管理由被动式经验管理向主动式风险预控管理的转变。

第二节　危险源辨识和风险评估

一、要点分析

1. 危险源辨识是识别危险源的存在并确定其特性的过程。危险源是风险管理的对象，危险源辨识就是识别和确定风险管理对象的过程。危险源辨识是控制事故发生的第一步，煤矿应组织员工对危险源进行全面、系统的辨识，只有识别出危险源，找出导致事故的根源，才能有效地控制事故的发生。

2. 煤矿开展危险源辨识工作应建立在风险管理知识培训的基础之上，且按照危险源辨识和风险评估的原则建立统一、规范的标准，明确辨识的方法和要求，辨识范围应覆盖本单位的所有活动及区域。

3. 煤矿根据情况变化，要及时进行危险源辨识，以确保危险源辨识的全面性、时效性，包括工作程序或标准改变、生产工艺发生变化、工作区域的设备和设施改变，或发生事故（未遂）、出现重大不符合项等。

4. 风险评估是全面的风险分析和评价的过程。风险评估是在危险源辨识基础上，采用科学的方法，对可能伴随危险源的风险进行全面系统的分析，确定危险因素，并进行风险评价，以判定其风险是否在可容许范围内的过程，从而明确风险管理的重点区域和项目。

5. 危险源辨识和风险评估范围应覆盖煤矿所辖区域及生产运营的全过程，包括所有工作活动和其他外界因素。

6. 危险源辨识和风险评估应考虑过去、现在和将来，既要考虑现在存在的风险，又要考虑过去曾有过的风险，还应考虑将来潜在的风险。

7. 危险源辨识和风险评估应考虑正常、异常、紧急三种状态，既要考虑正常工作过程中存在的风险，也要考虑非正常作业情况下的风险，还要考虑事故、意外等紧急情况下的风险。

8. 煤矿应按照确定的周期开展正式的风险评估。针对所辨识出的危险源进行风险分析、风险评价，并在此基础上建立分类风险概述，确定风险管理的主要对象（危险源），包括长期需要管控的危险源、当前需要重点管控的危险源。

9. 除正式的风险评估外，煤矿还应根据实际情况有效开展持续风险评估，这是正式风险评估的必要补充，包括新改扩建设项目开工前、执行高风险工作任务前、每班前、为特定工作项目制定安全措施前，以及其他特殊工作或特殊情况发生时。

10. 危险源辨识和风险评估是一个结构化的、可重复的、可审核的过程，贯穿于煤矿安全生产管理的全过程，是煤矿安全管理的基础。煤矿应确定危险源辨识和风险评估的方法、标准和组织形式，使风险管理得以规范，具有可操作性，且能够提高风险管理效率。

二、危险源辨识和风险评估方法

危险源辨识和风险评估是事故预防、安全评价、重大危险源监督管理、应急预案编制和安全管理体系建立的基础。在危险源辨识和风险评估过程中，需根据具体对象的性质、特点及分析人员的知识、经验和习惯等选择适合的方法。

（一）危险源辨识方法

常用的危险源辨识方法可分为经验对照分析和系统安全分析两大类。

1. 经验对照分析方法

经验对照分析方法是一种通过对照有关标准、法规、检查表或依靠分析人员的观察分析能力，借助于经验和判断能力直观地评价对象危险性和危害性的方法。经验对照分析方法是一种基于经验的方法，适用于有可供参考先例、有以往经验可以借鉴的情况。该类方法常采用以下一些方式：

（1）工作任务分析

工作任务分析是以工作任务为单元，通过对工作任务执行步骤的划分，识别每个步骤执行过程中可能遭遇的危险，进而确定导致危险的起因物和致害物，即危险源。工作任务分析法是一种事先或定期对某项工作任务进行风险分析的办法，该方法根据分析结果制定和实施相应的控制措施，达到最大限度消除或控制风险的目的。工作任务分析可按如下步骤进行：

1）工作任务的选择。从岗位入手，识别岗位的常规任务和非常规任务。

2）将工作任务分解为具体工作步骤。工作任务包含准备、执行和收尾个阶段，步骤一般不超过 15 步，超过 15 步时应重新考虑任务目的并分解成多任务。

3）识别每个步骤中的危害与风险。按照任务执行中所暴露的环境、设备和行为，确定潜在的危险，进而进行人、机、环危险源的辨识。

4）确定风险控制和预防措施，包含个人安全防护装置配置使用。

5）编制书面安全工作程序，即相应安全规程。

对于一个具体的煤矿，可以按照某种原则将其所涉及的工作活动划分为具体的工作任务对象，围绕具体、工作任务对象识别危险源。煤矿可以以区队、班组为单位进行工作任务分析。

（2）类比分析

利用相同或相似系统、作业条件的经验和安全生产事故的统计资料来类推、分析评价对象的危险因素。一般多用于作业条件危险因素的识别过程。

（3）查阅相关记录

查阅煤矿过去与职业安全健康安全相关的记录，可获得煤矿的一些危险源或危险因素信息，特别是煤矿的事件、事故等有关记录会直接反映煤矿的主要危险源或危险因素信息。

（4）询问、交谈

对与某项工作活动相关的操作、管理、技术人员进行询问和交谈，依据他们的经验可表述出与工作活动有关的危险源或危险因素信息。在采用询问、交谈方法时要把握一定技巧，针对不同的人员对象以不同的语言方式提出有针对性的问题。

（5）现场观察

现场观察是获得工作场所危险源或危险因素信息的快捷方法。现场观察需要具备相关安全知识和经验的人员来完成。现场观察人员将观察到的信息与其掌握的知识和经验相对照来识别危险源或危险因素。

（6）测试分析

通过测试分析可以识别危险源或危险因素，特别是以实际出现形式存在的危险源或危险因素。例如，通过测试防止间接接触电击伤害的保护接地的电阻值，可以确定保护接地电阻是否符合要求。

（7）头脑风暴

头脑风暴是个人或集体在相关经验的基础上，通过思维识别危险源或危险因素。煤矿在运用智暴法识别危险源或危险因素时，常常组建一个或多个工作小组，工作小组由煤矿内部各类有经验的人员组成，必要时也可以请外部专家加入。工作小组针对煤矿各个工作活动或场所进行思维分析，罗列危险源或危险因素，并反复修改、补充、完善。

（8）安全检查表分析（SCL）

安全检查表是安全检查最有效的工具之一，它是为检查某些系统的安全状况而事先制订的问题清单。在使用安全检查表进行危险源辨识和风险分析时，首先要运用安全系统工程方法，对系统进行全面分析，在此基础上，将系统分成若干单元或层次，列出所有的危险源或危险因素，确定检查项目，然后编制成表。按照表中要求进行检查，发现系统及设备、机器装置、操作管理、工艺、组织措施中的各种不安全因素。检查表中的回答一般都是“是/否”。安全检查表的格式没有统一的规定。安全检查表的设计应做到系统、全面，检查项目应具体、明确。一般而言，安全检查表的设计应依据以下内容进行设计：

1）有关标准、规程、规范及规定。为了保证安全生产，国家及有关部门发布了各类安全标准，这些是编制安全检查表的主要依据。为了便于工作，有时要将检查条款的出处加以注明，以便尽快统一不同意见。

2）国内外事故案例。搜集国内外相同及类似行业的事故案例，从中发掘和发现不安全因素，作为安全检查的内容。国内外及本单位在安全管理及生产中的有关经验，也应是安全检查表的重要内容。

3）通过系统分析，确定的危险部位及防范措施都是安全检查表的内容。

4）研究成果。在现代信息社会和知识经济时代，知识的更新很快，编制安全检查表必须采用最新的知识和研究成果，包括新的方法、技术、法规和标准。

2. 系统安全分析方法

系统安全分析方法常用于复杂系统、没有事故经验的新开发系统。为了能够使危险源辨识和风险分析更加系统，危险、危害事件及其产生的原因识别更加全面，需要应用一些科学的系统安全分析方法来帮助分析。常用的分析方法包括预先危险性分析、事故树分析、事件树分析、危险与可操作性分析、故障模式与影响分析等。

（1）预先危险性分析

预先危险分析也称初始危险分析，是在每项生产活动之前，特别是在设计的开始阶段，对系统存在的危险类别、出现条件、事故后果等进行概略分析，尽可能评价出潜在的危险性。因此，该方法也是一份实现系统安全危害分析的初步或初始的计划，是在方案开发初期或设计阶段之初完成的。

预先危险分析的作用是识别危险，确定安全性关键部位，评价各种危险的程度，确定安全性设计准则，提出消除或控制危险的措施。

（2）事故树分析

事故树分析是一种系统安全分析法，是对既定的生产系统或作业中可能出现的事故条件及可能导致的灾害后果，按工艺流程、先后次序和因果关系绘成程序方框图，表示导致灾害、伤害事故的各种因素间的逻辑关系。它由输入符号或关系符号组成，用于分析系统的安全问题或系统的运行功能问题。为判明灾害、伤害的发生途径及事故因素之间的关系，事故树分析法提供了一种最形象、最简洁的表达形式。事故树分析可以用于风险分析，也可以用于事故调查的原因分析。

（3）事件树分析

事件树分析是一种按事故发展的时间顺序由初始事件开始推论可能的后果，从而进行危险源辨识的方法。从一个初因事件开始，按照事故发展过程中事件出现与不出现，交替考虑成功与失败两种可能性，然后又把两种可能性分别作为新的初因事件进行分析，直到分析出最终结果为止。

事件树分析可用于事前预测事故及不安全因素，估计事故的可能后果，事后分析事故原因。事件树分析资料既可作为直观的安全教育资料，也有助于推测类似事故的预防对策。当积累了大量事故资料时，可采用计算机模拟，使事件树分析对事故的预测更为有效。在安全管理上用事件树分析对重大问题进行决策，具有其他方法所不具备的优势。

事件树分析可按确定或寻找初因事件、构造事件树、进行事件树的简化、进行事件序列的定量化等步骤进行。

（4）危险与可操作性分析

危险与可操作性分析是以系统工程为基础的一种可用于定性分析或定量评价的危险性评价方法，用于探明生产装置和工艺过程中的危险及其原因，寻求必要对策。

危险与可操作性分析是一种用于辨识设计缺陷、工艺过程危害及操作性问题的结构化分析方法。该方法的本质就是通过系列的会议对工艺图纸和操作规程进行分析。在这个过程中，由各专业人员组成的分析组按规定的方式，系统地研究每一个单元（分析节点），分析偏离设计工艺条件的偏差所导致的危险和可操作性问题。危险与可操作性分析常被用于辨识静态和动态过程中的危险性，适用于对新技术、新工艺尚无经验时辨识危险性。

（5）故障模式与影响分析

故障模式与影响分析是系统安全工程的一种方法，根据系统可以划分为子系统、设备和元件的特点，按实际需要，将系统进行分割，然后分析各自可能发生的故障类型及其产生的影响，以便采取相应的对策，提高系统的安全可靠性。它可以用来对系统、设备、设施进行详细的风险分析，为系统、设备、设施检修维护标准的制定提供依据。

（二）风险评估方法

风险是危险源导致损失、伤害或其他不利影响的可能性和后果的结合。风险总是与某个危险源和特定事件相联系，离开危险源和特定的事件谈风险是无意义的，风险的大小取决于两个变量，即危险源导致特定事件的可能性和特定事件后果的严重度。

风险评估的目的是对煤矿所有风险管理对象进行风险等级划分，从而确定风险管理的重点区域和项目，是为风险管理确定目标的过程。

根据系统的复杂程度，风险评价可以采用定性、定量和半定量的评价方法。具体采用哪种评价方法，需根据行业特点及其他因素进行确定。

1. 定性风险评价方法

定性风险评价方法是根据经验和直观判断能力对生产系统的工艺、设备、设施、环境、人员和管理等方面的状况进行定性分析，其评价结果是一些定性的指标，如是否达到了某项安全指标、事故类别和导致事故发生的因素等。

2. 定量风险评价方法

定量风险评价方法是在大量分析实验结果和事故统计资料的基础上获得指标或规律（数学模型），对生产系统的工艺、设备、设施、环境、人员和管理等方面的状况进行定量的计算，评价结果是一些定量的指标，如事故发生的概率、事故的伤害（或破坏）范围、事故致因的事故关联度或重要度等。

3. 半定量风险评价方法

半定量风险评价方法是建立在实际经验的基础上，结合数学模型，对生产系统的工艺、设备、设施、环境、人员和管理等方面的状况进行定性与定量相结合的分析，其评价结果是一些半定量的指标。半定量风险评价方法可操作性强，还能依据分值得出明确的风险等级，因而被广泛应用。常用的半定量风险评价法有作业条件危险性评价法、风险矩阵评价法、失效模式与影响分析评价法、改进的作业条件危险性评价法。

（1）作业条件危险性评价法

作业条件危险性评价法是一种简单易行的评价操作人员在具有潜在危险环境中作业时的危险性、危害性的半定量评价方法。主要适用于工作环境风险的评价，如环境的温度、压力、辐射、空气质量、有害病菌等。

作业条件危险性评价法用与系统风险有关的三种因素指标值的乘积来评价操作人员伤亡风险大小，这三种因素分别是发生事故的可能性、人员暴露于危险环境中的频繁程度和发生事故可能造成的后果。

（2）风险矩阵评价法

风险是特定危害性事件发生的可能性与后果的组合，风险矩阵法就是将发生事故的可能性的大小和后果的严重程度分别用表明相对差距的数值来表示，然后用两者的乘积反映风险程度的大小。风险矩阵评价法是一种适合大多数风险评价的方法。

（3）失效模式与影响分析评价法

失效模式与影响分析评价法源自产品质量管理，用于研究设备的材料、元器件等失效的模式，旨在提高设备的可靠性。因为设备故障的影响除了可靠性之外，还会导致安健环事故，因此，该方法可用于对在用设备和装置的风险评估。

风险分析包含故障发生的可能性、后果的严重程度和失效模式的可探测度三种因素。

（4）改进的作业条件危险性评价法

通常用发生事故的可能性的大小和后果的严重程度两者的乘积反映风险程度的大小。但人身伤害事故和职业相关病症发生的可能性主要取决于对特定危害的控制措施的状态和人体暴露于危险状态的频繁程度，单纯财产损失事故和环境污染事故发生的可能性主要取决于对特定危险的控制措施的状态和危险状态出现的频次。

三、危险源辨识和风险评估的应用

（一）危险源辨识和风险评估的准备

在进行系统的危险源辨识和风险评估之前，首先要进行整体规划，制订危险源辨识和风险评估的计划，确定危险源辨识和风险评估的范围和所要达到的目的，并将计划传达到煤矿内部所有部门和承包商，以得到管理层和各部门的支持、参与和帮助。该步骤既是危险源辨识和风险评估的准备过程，也是危险源辨识和风险评估活动的统筹策划过程，主要工作任务包括以下方面：

1. 危险源辨识和风险评估范围的确定

全面的危险源辨识和风险评估应覆盖煤矿所辖区域和生产运营的全过程，包括人、机、环、管四个方面。

煤矿在危险源辨识和风险评估之前应对其范围给予确定，在通常情况下，煤矿至少应对所有区域、活动、设备、设施、材料物质、工艺流程、职业健康、环境因素、工具及器具、火灾危险场所等存在的危险源进行辨识和风险评估。

为了全面、准确地确定危险源辨识和风险评估范围，煤矿应借助工作场所布置图、生产系统图、生产工艺流程图等制订危险源辨识和风险评估计划，划分危险源辨识和风险评估区域。危险源辨识和风险评估范围可按区域或专业来划分，或将二者结合起来进行划分，并与专业范围和责任范围紧密结合。

2. 危险源辨识和风险评估标准及方法的确定

为了有秩序、有组织和持续地开展危险源辨识和风险评估工作，煤矿应根据自身生产运营情况制定危险源辨识和风险评估管理标准，选择确定适合不同类危险源辨识和风险评估的方法，以确保危险源辨识和风险评估在煤矿一定范围内的统一性和有效性，同时也便于危险源辨识和风险评估的沟通、理解和应用。

（1）建立危险源辨识和风险评估标准。

危险源辨识和风险评估标准是指导煤矿危险源辨识和风险评估工作的规范性文件，明确危险源辨识和风险评估工作的职责、程序、方法要求。其内容应包括以下方面：危险源辨识和风险评估与回顾的时间和周期；危险源辨识和风险评估的职责和流程要求；危险源辨识和风险评估方法的要求；危险源辨识和风险评估的工具表格；危险源辨识和风险评估策划的要求；危险源辨识和风险评估应用的要求；危险源辨识和风险评估监测与更新的要求。

（2）选择危险源辨识和风险评估方法。

危险源辨识和风险评估方法是危险源辨识和风险评估工作运用的重要工具，煤矿应根据自身实际情况，选择适当的危险源辨识和风险评估方法，保证危险源辨识和风险评估工作的全面性、系统性、科学性和合理性，为风险评估策划、风险管理标准和措施的制定奠定基础。

3. 制订危险源辨识和风险评估计划

在危险源辨识和风险评估工作前，煤矿应制订具体实施计划，保证危险源辨识和风险评估工作正常、有序地开展。其内容应包括以下方面：危险源辨识和风险评估小组及其具体职责；危险源辨识和风险评估详细内容；危险源辨识和风险评估培训要求；危险源辨识和风险评估时间要求。

4. 成立危险源辨识和风险评估小组

煤矿应按照危险源辨识和风险评估工作的需求，在风险预控管理工作组下成立危险源辨识和风险评估小组。

（1）小组组建原则

1）矿级危险源辨识和风险评估小组成员应包括管理层、安监员、职业健康管理人员、有关部室、区队或班组的相关管理人员、专业技术人员、班组长、工作经验丰富的岗位员工。

2）区队、班组级危险源辨识和风险评估小组成员应包括区队或班组的相关管理人员、安监员、专业技术人员、班组长、工作经验丰富的岗位员工。

3）承包商应参照区队、班组级危险源辨识和风险评估成立相应的小组。

4）鼓励所有员工积极参与本区域的危险源辨识和风险评估。

（2）小组成员条件

1）具有相关专业知识或生产管理知识，熟悉与本单位生产运营相关的安全生产技术标准和法律法规。

2）熟悉本单位或所工作区域的各岗位工作活动、设备设施、工作环境情况。

3）熟悉生产运营过程中存在的危险源及其失控所导致的后果，危险源管理的主要责任人、监管部门。

4）熟悉作业规程、操作规程、安全技术措施等。

5）工作认真负责，具有一定的风险预控管理知识。

5. 危险源辨识和风险评估知识的培训

在危险源辨识和风险评估小组成立后，应对小组成员进行培训，使其掌握危险源辨识和风险评估的方法和技巧。

小组成员必须具备如下能力：

（1）清楚危险源辨识和风险评估的目的。

（2）熟悉本煤矿危险源辨识和风险评估标准要求。

（3）掌握危险源辨识和风险评估方法。

（4）清楚收集信息和评估信息的方法。

（5）有能力辨别工作场所有关人、机、环、管等方面的危险源。

（6）熟悉与本单位相关的事故类型及其内涵。

同时，小组成员还应具备较强的沟通、调查和观察能力，对工作认真、负责，具有良好的团队精神和创新意识。

6. 资料收集

在开展危险源辨识和风险评估工作之前，危险源辨识和风险评估小组需召开预备会，明确各成员的职责和任务，讨论确定危险源辨识和评估过程所需要的工作程序和图表。

危险源辨识和风险评估小组成员应收集的相关资料包括以下方面：

（1）相关法律、法规、规程、规范、条例、标准和其他要求。

（2）煤矿内部的管理标准、技术标准、作业标准及相关安全技术措施。

（3）相关的事故案例、统计分析资料。

（4）职业安全健康监测数据及统计资料。

（5）本单位活动区域的布置图。

（6）生产工艺和系统的资料和图纸。

（7）设备档案和技术资料。

（8）其他相关资料。

（二）危险源辨识

根据煤矿安全生产和管理的特点，建议以工作任务分析法为主、其他方法为辅对煤矿危险源进行辨识。以下介绍工作任务分析法对煤矿危险源进行辨识的一般过程。

1. 辨识单元划分及工作任务确定

在利用工作任务分析方法对煤矿危险源进行辨识的过程中，为了便于辨识工作的开展，首先需对煤矿整体的辨识范围进行合理划分，确定危险源辨识子单元，将各个子单元的辨识职责落实到不同危险源辨识和风险评估小组。危险源辨识和风险评估过程中，应做到辨识工作是全方位、全过程的，并且尽可能做到全员参与风险评估。子单元可以按照空间进行划分，如掘进工作面及其附属巷道、采煤工作面及其附属巷道等，也可以按照劳动组织进行划分，如综采队、连采队、通风队、运转队等，还可以按专业进行划分，如采掘专业、洗运、专业、机电专业等。在对煤矿危险源辨识子单元划分完成后，可以进一步确定工作任务和工序。

2. 能量物质或能量载体单元的识别

在危险源辨识过程中，煤矿可利用工具表格对其风险管理的基本对象进行调查和识别。具体调查和辨识对象包括设备、设施、材料物质、工艺流程、职业健康危害源、环境因素、工器具及紧急情况等。

3. 危险、危害事件识别

在对能量物质或能量载体单元识别的基础上，对照具体的任务和工序，分析和查找能够造成或可能造成事故的失效事件，它是导致事故的直接原因。这些失效事件主要是指可能直接导致事故的不安全状态和不安全行为。

（1）不安全状态

不安全状态是指存在于现场的任何不安全或不符合标准的条件，主要是物的不安全状态和环境的不安全条件。它具体包括以下条件：防护或屏障不充分；个人防护装置不充分或不恰当；有缺陷的设备、工具或材料；通道或者工作场所拥塞或区域受限；报警系统失效或者报警信号不充分；工作场所存在火灾或爆炸危险；文明生产差；暴露于噪声；暴露于辐射；在温度极限下；照明过度或不足；通风不当；缺乏识别标记等。

（2）不安全的行为

不安全行为是指作业人员的不安全行为或不符标准的操作。它主要包括以下方面：未经授权擅自操作设备；无视警告；不采取任何安全措施，如无防护措施；在不安全的速度下操作；不使用或者不正确使用安全装备；擅自挪动或者转移现场的健康和安全设施；使用有缺陷的设备和工具；进行不正确装载；进行不正确布置和布局；使用不正确的提升方法；在不正确的位置上工作；维修运行中的设备；工作中玩闹；在麻药、药物、酒精的影响下工作等。

4. 危险、危害事件产生原因分析

危险、危害事件产生的主要原因是个人因素、工作因素和管理因素，正是因为生产运营过程中存在这些因素，导致了不安全行为和不安全状态，它们是事故的间接原因，是风险控制的关键。

（1）个人因素：不适当的身体能力；较弱的精神能力；身体压力；精神压力；缺乏知

识；缺乏技能；态度或动机不当。

（2）工作因素：指挥或监管；工程设计；采购控制；维护保养与检修；工具和设备；作业标准。

（3）管理因素：管理职责和标准不健全；风险管理目标与计划不充分；管理监督不到位；组织管理不到位。

可以将能量物质或能量载体单元、诱发能量物质和能量载体意外释放能量造成事故的物的不安全状态、人的不安全行为及更深层原因的识别和分析结果逐一进行整理、汇总，进一步完成风险及后果描述工作，确定可能导致的事故类型。

第三节　风险管理标准和管理措施

一、管理要点

1. 煤矿应在危险源辨识和风险评估基础上，针对具体的危险源进一步提炼详细的管理对象，包括人、机、环、管四个方面可能导致事故或不利影响的原因，以便确定风险控制的对策和措施。

2. 煤矿应建立风险评估应用管理的程序，明确风险评估成果应用的原则和流程，并根据风险评估进行风险控制策划，包括制定风险管理的标准和措施，制订风险控制目标和管理方案，编制作业规程、操作规程、安全技术措施计划、应急预案及其他专项安全技术措施等。

3. 煤矿应建立工作安全许可制度，明确高危区域、高危活动许可的范围和审批流程，并在进入高危区域、执行高危工作任务前进行持续风险评估，制订专门的安全措施，办理工作许可审批手续。

4. 风险控制标准和措施应满足法律、法规、行业标准和企业内部基本制度的要求，且应将危险源的管控作为过程进行管理，按照 PDCA 的运行模式，对危险源辨识、风险分析、风险评估、控制策划、过程监测和效果评价实施闭环管理，以持续改进风险预控管理。

二、风险管理标准和管理措施的制定

危险源是风险管理的基本对象，但在风险控制具体标准和措施制定过程中仍不够具体，因此，煤矿应在危险源辨识和风险评估基础上，对危险源进行详细分析，提炼具体的管理对象，这些对象就是与危险相关的可能导致事故或有不利影响的人、机、环、管四个方面的原因，从而有针对性地制定风险控制的标准和措施。

1. 管理对象提炼

风险管理对象是指可能产生或存在风险的主体。风险预控管理工作组应组织各工作小组在危险源辨识和风险评价结果基础上，根据风险管理标准和管理措施制定的流程和方法，对完成风险评估的危险源进行分析，逐一提炼出具体管理对象，确定相关责任人和监管部门、监管人员。

2. 管理标准和措施制定

风险管理标准是针对管理对象所制定的用于消除或控制风险的准则，风险管理措施是指达到风险管理标准的具体方法、手段。在确定了管理对象的前提下，风险预控管理工作组应收集和整理有关法律、法规、标准、规程、规范及事故统计表、监测报告等相关资料，并根据法律、法规、标准、规程、规范的要求编写风险管理标准与措施。

3. 管理标准和措施审核

在风险管理标准与管理措施制定过程中，风险预控管理工作组需随时对各工作小组进行指导，解决工作过程中出现的问题。在管理标准与管理措施初稿完成后，风险预控管理工作组应组织相关的专家对初稿进行审核，并根据审核意见修改、完善，最后将审核、修改后的风险管理标准与管理措施汇总成册，分发给基层员工进行学习和执行。

第四节　危险源监测与风险预警

一、管理要点

1. 危险源监测是通过管理与技术手段检查、测量危险源存在的状态及其变化的过程。煤矿应明确危险监测要求，确定监测方式，并采取有效措施对危险源状态及过程控制实施监测，以确保危险源处于受控状态，确保风险管理标准和措施持续有效。

2. 风险预警是通过一定的方式对暴露的风险进行信息警示。煤矿应对危险源风险的严重度设置预警级别，建立风险预警管理机制，明确风险预警方式、风险预警信息沟通渠道，并根据监测和统计分析结果对风险实施预警，及时将风险预警信息传递到管理层、责任部门和责任人，以便及时暴露生产运营过程中的风险，并对其实施有效控制。

3. 煤矿应建立信息沟通控制程序，明确信息沟通的内容和方式，及时沟通风险管理过程中的信息，并在小组（区队、班组、专业小组）开展作业前、作业中、作业后进行风险控制沟通和交流，以随时掌握危险源所处的状态、风险控制的有效性、改进措施实施情况，以及煤矿安全管理的方针、风险管理标准和措施等。

二、危险源监测

危险源监测包括对危险源的状态监测和风险控制过程进行监测，危险源状态监测关注其是否处于安全或受控状态，按监测形式可分为实时监测、周期监测、动态监测。风险控制过程监测关注风险管理标准和措施的有效性。

危险源监测手段主要包括监控系统、监测仪器、安全检查、工作观察或安全监护、安全举报、安全评价和体系审核等方式。

1. 监控系统

在工作场所或生产系统安装监控系统，实时监测矿井系统危险源状态、现场设施设备状态、工作环境状态和人员工作行为。

2. 监测仪器

利用仪器监测矿井系统危险源状态、现场设施设备状态、工作环境。

3. 安全检查

建立安全检查机制，明确检查方法，由生产技术人员和现场工作人员对照标准要求对矿井系统危险源状态、现场设施设备状态、工作环境状态和人员工作行为实施监测。

4. 工作观察或安全监护

建立工作安全观察机制，明确观察人员和对象，对作业过程中工作人员执行规划、措施情况实施监测、监护。

5. 安全举报

建立安全举报管理机制，明确举报的方法，通过员工、相关方向煤矿举报不符合信息。

6. 安全评价

建立安全评价机制，并根据矿井建设、生产情况，组织安全管理和技术专家对煤矿开展综合安全评价或专项评价。

7. 体系审核

建立安全管理体系审核机制，并根据确定的周期对管理体系运行情况进行审核。

危险源的人工监测和检查一般由煤矿相关业务部门对已辨识出的危险源进行现场监测和检查，并及时将存在的问题反馈到责任单位。煤矿可根据危险源对其安全生产影响程度的不同，规定监测、检查的时间和间隔期限。

三、风险预警

煤矿应对生产过程中各类危险源的风险进行预期性评估，按照其严重度和特征设定风险预警等级，并根据危险源动态监测中暴露的各种风险及时发出危险预警指示，使管理层及相关人员及时采取相应的措施以消除或降低风险，达到可接受水平，从而避免不好的结果出现。

煤矿应针对不同风险级别的危险源，制订适当的预警方案。建议有条件的煤矿建立风险预控管理信息系统，实现对相关信息的处理。

1. 风险等级划分

为便于管理，并且让工作人员清楚相关风险的严重度，煤矿应根据实际情况预先确定各类风险的等级，通常将风险预警等级设置为5级，并用不同的颜色表示。

2. 风险预警管理

煤矿应建立完备的信息流通渠道，保证危险源预警信息传递畅通和及时。风险预警信息的传递可采取电话通知、短信通知、书面预警报告等方式，建议有条件的煤矿建立风险预控管理信息系统，通过信息系统对预警信息进行传递。煤矿可同时利用风险预控管理系统对相关风险实施跟踪和闭环管理，直至风险得到有效控制、警情消除。

结　语

伴随着经济的发展和建设，煤矿开采技术与安全生产问题成为当前企业面临的主要问题，从煤炭整个行业的发展过程来看，很多管理的方式和手段都有所不同，如何探索一种最适合自己企业的预控体系是至关重要的，从煤炭产业的近期发展现状来看，开采与安全技术方面的预控管理系统在不断完善当中，这与我国将国际的一些先进的系统进行引入和借鉴有着重要关系，这对于我国煤炭安全风险管理的提升有非常大的帮助，形成了一套更加完善的安全风险管理体制和方式，在我国的不同类型和规模的煤炭企业都有很好的实用性。

各矿井开采年限增加，矿井易采煤炭资源量不断减少，开采深度不断加深，所面临的开采技术要求也越来越高，这就对矿井安全生产提出了更高的要求。在煤矿开采产业的发展进程中，形成了多种多样的管理模式，其中煤矿安全风险预控管理体系属于现代化的煤矿安全管理策略，它是近年来在充分吸收很多国际先进管理理念与具体管理措施的基础上提出的，它不仅体现了中国当前煤矿安全风险管理的主要特征，而且很好地解决了中国煤矿安全风险管理中存在的问题，且应用范围广泛，在国内不同类型与不同规模的煤矿中都适用。

中国经济快速发展，煤矿产业做出了突出的贡献，虽然煤矿产业的经济利益较高，但煤矿采矿频繁发生安全事故，给社会造成了严重影响。煤矿安全工作无小事，通过在矿井中推广应用煤矿安全风险预控管理体系，可进一步提高员工风险防范意识，让矿井安全生产由传统的被动式安全管理逐步转变为现代化的主动式安全风险预控管理，这样可有效防范很多安全事故，更好地保障安全生产。同时可减少矿井损失，最大限度地提高矿井的经济效益，有助于煤矿企业实现长期健康可持续发展。

参考文献

[1] 淮南矿业（集团）有限责任公司 . 淮南煤矿“三下”安全开采技术研究成果 [M]. 北京：煤炭工业出版社，2013.

[2] 肖蕾 . 煤矿安全绿色高效开采技术研究 [M]. 北京：煤炭工业出版社，2017.

[3] 彭苏萍，李恒堂，程爱国 . 煤矿安全高效开采地质保障技术 [M]. 徐州：中国矿业大学出版社，2017.

[4] 翟新献，白占芳 . 煤矿安全开采技术与实践 [M]. 徐州：中国矿业大学出版社，2015.

[5] 王家臣 . 煤炭资源与安全开采技术新进展 [M]. 徐州：中国矿业大学出版社，2017.

[6] 樊运策 . 综合机械化放顶煤开采技术 [M]. 北京：煤炭工业出版社，2013.

[7] 卫修君 . 煤矿安全工程实用技术新进展 [M]. 徐州：中国矿业大学出版社，2009.

[8] 煤炭科学研究总院北京开采研究所 . 地下开采现代技术理论与实践 [M]. 北京：煤炭工业出版社，2002.

[9] 霍丙杰，李伟，曾泰，等 . 煤矿特殊开采方法 [M]. 北京：煤炭工业出版社，2019.

[10] 王显政 . 美国煤矿安全监察体系 [M]. 北京：煤炭工业出版社，2001.

[11] 申宪阁 . 煤矿开采中通风技术及安全技术的作用探析 [J]. 当代化工研究 ,2021(16):100-101.

[12] 胡强 . 煤矿开采技术与安全生产管理探讨 [N]. 科学导报 ,2021-08-13(B03).

[13] 栗东 . 煤矿开采技术与安全生产管理探讨 [J]. 能源与节能 ,2021(7):129-130.

[14] 李继旺 . 煤矿开采过程中的采煤技术应用研究 [J]. 矿业装备 ,2021(3):130-131.

[15] 刘峰 . 煤矿开采通风安全技术分析 [J]. 当代化工研究 ,2021(10):91-92.

[16] 姚庆刚 . 通风安全技术在煤矿开采中的运用 [J]. 能源与节能 ,2021(4):213-214.

[17] 元阳民 . 通风安全技术在煤矿开采中的运用 [J]. 内蒙古煤炭经济 ,2021(6):146-147.

[18] 马淑文 . 露天煤矿开采安全生产技术研究 [J]. 科技与创新 ,2021(2):143-144+146.

[19] 高鹏飞 . 通风技术与安全技术在煤矿开采中的应用策略 [J]. 内蒙古煤炭经济 ,2021(1):174-175.

[20] 王晋 . 通风技术与安全技术质量在煤矿开采中的应用 [J]. 中国石油和化工标准与质量 ,2020,40(21):173-175.

[21] 陶可 . 通风技术与安全技术在煤矿开采中的应用策略 [J]. 内蒙古煤炭经济 ,2020(21):

136-137.

[22] 李永明 . 通风技术与安全技术在煤矿开采中的应用 [J]. 石化技术 ,2020,27(1): 229+231.

[23] 闫二凯 . 煤矿瓦斯综合防治技术研究与应用 [J]. 云南化工 ,2019,46(12):128-129+131.

[24] 李晓伟 . 煤矿开采通风技术与安全技术分析 [J]. 当代化工研究 ,2019(11):32-33.

[25] 马艳英 , 王瑞虎 . 通风技术与安全技术在煤矿开采中的应用探讨 [J]. 山东工业技术 ,2019(10):86.

[26] 崔航 . 通风技术与安全技术在煤矿开采中的应用 [J]. 南方农机 ,2018,49(14):104.

[27] 刘峰 . 煤矿井下开采作业安全技术与安全管理 [J]. 科技创新与应用 ,2018(9):144-145.

[28] 陶永峰 . 浅谈煤矿开采技术的发展及存在的问题 [J]. 知识文库 ,2018(02):203.

[29] 李伟 . 通风技术与安全技术在煤矿开采中的应用 [J]. 机械管理开发 ,2017,32(10): 129-130.

[30] 王俊龙 . 煤矿安全与强化开采综合技术探讨 [J]. 能源与节能 ,2017(7):143-144.